工程量清单计量与计价

房屋建筑与装饰

主　编　周小芳　袁益飞

副主编　祁　黎　高继强　陈钢芬

浙江工商大学出版社

ZHEJIANG GONGSHANG UNIVERSITY PRESS

·杭州·

图书在版编目(CIP)数据

工程量清单计量与计价：房屋建筑与装饰／周小芳，
袁益飞主编. — 杭州：浙江工商大学出版社，2021.12
(2022.8 重印)

ISBN 978-7-5178-4734-2

Ⅰ. ①工… Ⅱ. ①周… ②袁… Ⅲ. ①建筑工程—工
程造价 Ⅳ. ①TU723.3

中国版本图书馆 CIP 数据核字(2021)第 235310 号

工程量清单计量与计价——房屋建筑与装饰

GONGCHENGLIANG QINGDAN JILIANG YU JIJIA——FANGWU JIANZHU YU ZHUANGSHI

周小芳　袁益飞　主编

责任编辑	厉　勇
封面设计	王亚英
责任印制	包建辉
出版发行	浙江工商大学出版社
	(杭州市教工路 198 号　邮政编码 310012)
	(E-mail:zjgsupress@163.com)
	(网址:http://www.zjgsupress.com)
	电话:0571－88904980,88831806(传真)
排　版	杭州朝曦图文设计有限公司
印　刷	杭州高腾印务有限公司
开　本	889mm×1194mm　1/16
印　张	12
字　数	291 千
版 印 次	2021 年 12 月第 1 版　2022 年 8 月第 2 次印刷
书　号	ISBN 978-7-5178-4734-2
定　价	46.00 元

前　言

本书是建筑工程造价专业核心课程。

本书根据浙江省中等职业学校建筑工程造价专业教学指导方案和 GB 50854—2013《房屋建筑与装饰工程工程量计算规范》《建筑安装工程费用项目组成》(建标〔2003〕206 号)、《建筑工程安全防护、文明施工措施费及使用管理规定》(建办〔2005〕89 号)、《标准施工招标文件》(九部委第 56 号令)、2008年版《建设工程工程量清单计价规范》(GB 50500—2008)、《房屋建筑和市政工程标准施工招标文件》(2010 年版)发布的编审规程、《中华人民共和国招标法实施条例》(国务院第 613 号令)规范并参照国家相关职业标准和行业岗位技能鉴定的规范等编写。

本书按 80～114 学时编写。学时分配建议如下,供参考。

教学项目	建　议 学时数	教学项目	建　议 学时数
项目一　工程量清单计量基础	4～6	项目八　楼地面工程	4～6
项目二　统筹计算工程量的顺序	2～4	项目九　天棚工程	4～6
项目三　建筑面积计算及门窗表信息收集整理	4～6	项目十　屋面及防水工程	2～4
项目四　土石方及基础工程	10～14	项目十一　工程量清单计价基础	6～10
项目五　混凝土柱、梁、板、楼梯工程	16～20	项目十二　工程计价软件介绍及清单计价	4～6
项目六　砌筑工程	10～12	项目十三　工程量清单的计量与计价实例	8～12
项目七　墙柱面工程	6～8		

本书由周小芳、袁益飞主编,祁黎、高继强、陈钢芬副主编,其中项目一～项目八由王磊、陈珊珊、周小芳、梁春霞、章诗惠、徐蕾编写,项目九～项目十三由祁黎、潘赟媛、袁益飞、高继强编写,图纸由高级工程师、全国一级注册结构工程师孙立新设计,美工金诗瑶设计。全书由周小芳、陈钢芬(高级工程师、全国一级注册造价师)统稿。

由于编者水平有限,书中难免存在不足之处,恳请各位读者朋友批评指正,以便进一步修改完善(读者意见反馈信箱:329108813@qq.com)。

编　者

2021 年 8 月

目　录

一、计量篇

项目一　工程量清单计量基础 / 1

项目二　统筹计算工程量的顺序 / 11

项目三　建筑面积计算及门窗表信息收集整理 / 17

项目四　土石方及基础工程 / 28

项目五　混凝土柱、梁、板、楼梯工程 / 39

项目六　砌筑工程 / 56

项目七　墙柱面工程 / 65

项目八　楼地面工程 / 69

项目九　天棚工程 / 76

项目十　屋面及防水工程 / 82

二、计价篇

项目十一　工程清单计价基础 / 87

项目十二　工程计价软件介绍及清单计价 / 96

项目十三　工程量清单的计量与计价实例 / 120

参考文献 / 136

附录 A　××厂房图纸目录 1（单独成册）

附录 B　××镇××村便民服务中心图纸目录 1（单独成册）

一、计量篇

项目一　工程量清单计量基础

教学设计

本项目仅1个教学任务,每个任务可参照课程标准进行教学设计。根据 GB 50854—2013《房屋建筑与装饰工程工程量计算规范》,以下简称 2013 版《计算规范》,完成相关任务的学习。

项目概况

自 2003 年起开始在全国范围内逐步推广工程量清单计价方法。规定全部使用国有资金投资或者国有资金投资为主(二者简称"国有资金投资")的工程建设项目,必须采用工程量清单计价;对非国有资金投资的工程建设项目,是否采用工程量清单方式计价由项目业主自主确定。

工程量清单的编制

任务目标

1.能够理解工程量清单编制依据。

2.理解工程量清单编制的一般规定。

3.掌握分部分项工程量清单、措施项目清单、其他项目清单、规费项目清单等的编制。

任务描述

本任务需要完成工程量清单编制基础知识的学习。

 **知识导入**

一、工程量清单编制依据

工程量清单由分部分项工程量清单、措施项目清单、其他项目清单、规费项目清单、税金项目清单组成。编制工程量清单的依据：

1. 现行《建设工程工程量清单计价规范》(GB 50500—2013)；

2. 国家或省级、行业建设主管部门颁发的计价依据和办法；

3. 建设工程设计文件；

4. 与建设工程项目有关的标准、规范、技术资料；

5. 招标文件及其补充通知、答疑纪要；

6. 施工现场情况、工程特点及常规施工方案；

7. 其他相关资料。

二、工程量清单编制的一般规定

1. 工程量清单应由具有编制能力的招标人，或受其委托具有相应资质的工程造价咨询人编制。

2. 采用工程量清单方式招标，工程量清单必须作为招标文件的组成部分，其准确性和完整性由招标人负责。

3. 工程量清单是工程量清单计价的基础，应作为编制招标控制价、投标报价、计算工程量、支付工程款、调整合同价、办理竣工结算以及工程索赔的依据之一。

4. 工程量清单应由分部分项工程量清单、措施项目清单、其他项目清单、规费项目清单、税金项目清单组成。

三、分部分项工程量清单的编制

分部分项工程量清单应包括项目编码、项目名称、项目特征、计量单位和工程量等5个部分，应根据2013版《计价规范》附录中规定的项目编码、项目名称、项目特征、计量单位和工程量计算规则进行编制。

1. 项目编码的设置

分部分项工程量清单的编码采用五级编码，用12位阿拉伯数字表示。1~9位应按《计价规范》附录的规定统一设置，10~12位应根据拟建工程的工程量清单项目名称设置。各级编码代表的含义如下：

(1) 第一级为工程分类顺序码(分2位)：建筑工程01、装饰装修工程为02、安装工程为03、市政工程为04、园林绿化工程为05；

(2) 第二级为专业工程顺序码(分2位)；

(3) 第三级为分部工程顺序码(分2位)；

(4) 第四级为分项工程项目顺序码(分3位)；

（5）第五级为工程量清单项目顺序码（分3位）。

项目编码组成如图1-1所示（以建筑工程为例）。

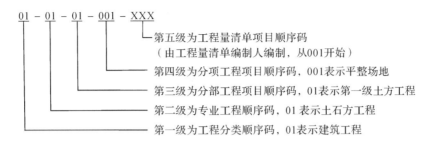

图1-1 工程量清单项目编码组成

2. 项目名称的确定

分部分项工程量清单的项目名称，应根据2013版《计算规范》附录的项目名称工程的实际确定。

3. 项目特征描述

项目特征是指构成分部分项工程量清单项目、措施项目的本质特征。计价工程量清单项目特征应按附录中规定的项目特征，结合拟建工程项目时实际予以描述。

4. 计量单位的选择

分部分项工程量清单的计量单位应按附录中规定的计量单位确定。除各专业另有特殊规定外，均按以下基本单位计量：

（1）以重量计量的项目——吨或千克（t或kg）；

（2）以体积计算的项目——立方米（m³）；

（3）以面积计量的项目——平方米（m²）；

（4）以长度计量的项目——米（m）；

（5）以自然计量单位计算的项目——个、套、块、组、台等；

（6）没有具体数量的项目——宗、项等。

以"吨"为计量单位应保留小数点后3位，第4位小数四舍五入；以"立方米""平方米""米""千克"为计量单位的应保留小数点后2位，第3位小数四舍五入；以"项""个"等为计量单位的应取整数。

5. 工程量的计算

分部分项工程量清单中所列工程量应按附录中规定的工程量计算规则计算。

四、措施项目清单的编制

措施项目清单是指为完成工程项目施工，发生于该工程施工准备和施工过程中的技术、生活、安全、环境保护等方面的非工程实体项目清单。其中通用措施项目由下列选择列项，具体如表1-1所示。各专业工程的措施项目可按附录中规定的项目选择列项。

表 1-1　通用措施项目一览表

序号	项目名称
1	安全文明施工(含环境保护、文明施工、安全施工、临时设施)
2	夜间施工
3	二次搬运
4	冬雨期施工
5	大型机械设备进出场及安拆
6	施工排水
7	施工降水
8	地上地下设施、建筑物的临时保护设施
9	已完工程及设备保护

五、其他项目清单的编制

其他项目清单是指分部分项工程量清单、措施项目清单所包含的内容以外,因特殊要求而发生的与拟建工程有关的其他费用项目和相应数量的清单。工程建设标准的高低、工程的复杂程度、工程的工期长短、工程的组成内容、发包人对工程管理的要求等,都直接影响其他项目清单的具体内容。参照 2013 版《计价规范》提供的下列 4 项内容列项:

(1)暂列金额;

(2)暂估价,包括材料暂估单价、专业工程暂估价;

(3)计日工;

(4)总承包服务费。

六、规费项目清单的编制

规费是指根据省级政府或省级有关主管部门规定必须缴纳的,应计入建筑安装工程造价的费用。规费项目清单按下列内容列项:

(1)工程排污费;

(2)社会保障费,包括养老保险费、失业保险费、医疗保险费;

(3)住房公积金;

(4)工伤保险费。

七、税金项目清单的编制

税金是指国家税法规定的应计入建筑安装工程造价内的营业税、城市维护建设税、教育费附加等。

任务实施

工程量清单的编制流程如图 1-2 所示。

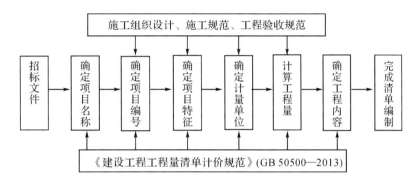

图 1-2　工程量清单编制程序

 **知识拓展**

工程量清单的部分封面表式

_____工程

工程量清单

工程造价

招标人：_____   咨询人：_____

（单位盖章）   （单位资质专用章）

法定代表人   法定代表人

或其授权人：_____   或其授权人：_____

（签字或盖章）   （签字或盖章）

编制人：_____   复核人：_____

（造价人员签字盖专用章）   （造价工程师签字盖专用章）

编制时间：   年   月   日   复核时间：   年   月   日

封－1

_____工程

招标控制价

招标控制价(小写)：_____

（大写）：_____

工程造价

招标人：_____   咨询人：_____

（单位盖章）   （单位资质专用章）

法定代表人   法定代表人

或其授权人：_____   或其授权人：_____

（签字或盖章）   （签字或盖章）

编制人：_____   复核人：_____

（造价人员签字盖专用章）   （造价工程师签字盖专用章）

编制时间：   年   月   日   复核时间：   年   月   日

封－2

7

投标总价

招标人：_____

工程名称：_____

投标总价（小写）：_____

　　　（大写）：_____

投标人：_____

（单位盖章）

法定代表人

或其授权人：_____

（签字或盖章）

编制人：_____

（造价人员签字盖专用章）

时间：　　　年　　　月　　　日

封－3

8

_____工程

竣工结算总价

中标价(小写)_____ (大写)_____

结算价(小写)_____ (大写)_____

工程造价

发包人：_____ 承包人：_____ 咨询人：_____

（单位盖章） （单位盖章） （单位资质专用章）

法定代表人 法定代表人 法定代表人

或其授权人：_____ 或其授权人：_____ 或其授权人：_____

（签字或盖章） （签字或盖章） （签字或盖章）

编制人：_____ 核对人：_____

（造价人员签字盖专用章） （造价工程师签字盖专用章）

编制时间： 年 月 日 核对时间： 年 月 日

封—4

9

 **任务练习**

1. 编制工程量清单的依据是什么?

2. 简述并绘制工程量清单编制程序图。

3. 其他项目清单包括哪些内容?

4. 分部分项工程量清单计量单位的基本单位是什么?

5. 分部分项工程量清单的五级编码是怎么设置的?

项目二　统筹计算工程量的顺序

 教学设计

本项目仅 1 个教学任务,任务参照课程标准进行教学设计。根据工作过程列出统筹计算工程量的顺序。

 项目概况

××厂房工程图纸具体详见附录 A。

统筹计算工程量的顺序

 任务目标

1.了解建筑施工图的编排顺序,能够熟练识读施工图。

2.理解××厂房工程的工程量计算顺序。

 任务描述

依据××厂房工程,本任务需要完成建筑工程施工图的编排和统筹计算工程量的顺序。

 知识导入

一、建造一幢房屋从设计到施工,要由许多专业、许多工种共同配合来完成

按专业分工的不同,施工图可分为以下几类:

1.建筑施工图(简称建施,用 JS 表示),主要用来表示房屋的规划位置、外部造型、内部布置、内外装修、细部构造、固定设施及施工要求等。它包括设计说明、总平面图、平面图、立面图、剖面图和详图等(如门窗、楼梯、卫生间、节点等)。

2.结构施工图(简称结施,用 GS 表示),主要表示房屋承重结构的布置、构件类型、数量、大小及做

法等。它包括设计说明、基础图、柱结构布置图、梁结构布置图、板结构布置图和构件详图等。

3.设备施工图(简称设施),主要表示各种设备、管道和线路的布置、走向以及安装施工要求等。设备施工图又分为给水排水施工图(简称水施,SS)、供暖施工图(简称暖施,NS)、通风与空调施工图(简称通施,NTS)、电气施工图(简称电施,DS)等。

二、施工图的编排顺序

施工蓝图的编排一般根据先建筑施工图后结构施工图,从下往上,从整体到局部的总原则。

(一)建筑施工图

建筑设计说明、建筑总平面图、建筑平面图、建筑立面图、建筑剖面图、建筑详图。

(二)结构施工图

结构设计说明、基础平面施工图、柱平法施工图、梁平法施工图、板平法施工图、结构详图。

三、分部分项工程工程量计算的顺序

为了便于建筑工程工程量的计算和审核,防止重算和漏算的现象,计算时必须按照一定的顺序和方法来进行。

1.清单顺序法:按照清单规范分部分项工程的编排顺序进行工程量计算。此方法比较适合初学者。

2.施工顺序法:按照施工工艺特点、施工先后顺序计算工程量。此方法比较适合对施工流程比较熟悉的专业技术人员。

3.统筹计算法:通过对项目划分和工程量计算规则进行分析,找出各分部分项工程之间的内在联系,运用统筹法原理,合理安排计算顺序,从而达到一次看图、项目全算的以点带面、节约时间的目的。通过统筹安排,各分项工程的计算结果一次完成重复利用,避免重复计算。比如,在计算建筑面积工程量的时候,把脚手架和垂直运输项目直接列项;计算门窗工程量的时候,把墙体工程量要扣减的门窗洞口面积列出来,同时在计算墙体装饰工程时也能利用等。

 任务实施

一、按工程图纸填写信息表

按照××厂房工程图纸的编排顺序,列出图纸顺序,填写完成图纸信息表,如表2-1和表2-2所示。

表 2-1 建筑图纸目录

××市城市规划设计研究院 2007 年 11 月		建设单位			
		项目名称	××厂房		
序号	图号	图纸名称	规格	张数	备注
1	01/06	建筑设计总说明		1	
2					
3					

表 2-2 结构图纸目录

××市城市规划设计研究院 2007 年 11 月		建设单位			
		项目名称	××厂房		
序号	图号	图纸名称	规格	张数	备注
1	01/07	结构设计说明		1	
2					
3					

二、用统筹计算法进行分部分项工程量的计算

实际工作中,往往是综合应用统筹计算法。分部分项工程量计算顺序是先结构部分,后建筑部分。

1. 计算建筑面积,同时完成脚手架、垂直运输项目的列项。

2. 计算门窗工程量,同时计算过梁混凝土工程量,按照楼层列出应扣减门窗洞口面积等项目。

3.计算基础分部工程量,主要有基础混凝土、垫层、土方、砖基础、基础梁等相关联的分项工程量,然后分别列项。

4.计算主体结构工程量,主要包括钢筋砼柱工程量:混凝土柱、模板,应扣砖基础,应扣墙体,墙面抹灰,柱面抹灰;钢筋砼梁工程量:混凝土梁、模板,应扣墙体内外墙,天棚抹灰,梁面抹灰;钢筋砼板:混凝土板、模板、天棚抹灰,构造柱、模板;钢筋砼楼梯:混凝土楼梯板、模板,楼梯装饰。主体结构计算应从首层开始从下往上一直算至屋顶层,每一层可以按照轴号或构件的编号依次计算。

5.计算墙体工程量,主要包括内、外墙墙体工程量,墙体抹灰,墙体的装修。

6.计算楼地面工程量,从地面到楼面逐层计算。

7.计算天棚工程量,从底层到顶层逐层计算。

8.计算屋面及防水工程量。

9.以上所有分部分项工程量清单必须按照项目特征分别汇总列项。

 知识拓展

工程量清单规范章节,按照《房屋建筑与装饰工程工程量计算规范》(GB 50854—2013)完整编排如下。

附录 A   土石方工程;

附录 B   地基处理与边坡支护工程;

附录 C   桩基工程;

附录 D   砌筑工程;

附录 E   混凝土及钢筋混凝土工程;

附录 F   金属结构工程;

附录 G   木结构工程;

附录 H   门窗工程;

附录 J   屋面及防水工程;

附录 K   防腐隔热、保温工程;

附录 L   楼地面装饰工程;

附录 M   墙、柱面装饰与隔断、幕墙工程;

附录 N   天棚工程;

附录 P   油漆、涂料、裱糊工程;

附录 Q   其他装饰工程;

附录 R   拆除工程;

附录 S   措施项目。

 **任务练习**

1.按照便民服务中心施工图,具体详见附录 B,列出施工图的顺序,完成如表 2-3 和表 2-4 所示的填写。

表 2-3　建筑图纸目录

××设计院 年　　月　　日		建设单位			
		项目名称	便民服务中心		
序号	图号	图纸名称	规格	张数	备注

表 2-4　结构图纸目录

××设计院 年　　月　　日		建设单位			
		项目名称	便民服务中心		
序号	图号	图纸名称	规格	张数	备注

2.熟练识读便民服务中心施工图,具体详见附录 B,并写出统筹计算工程量的顺序。完成如表 2-5 所示的填写。

表 2-5　统筹计算工程量的顺序

计算顺序	分部工程	分项工程	备注
1			
2			

项目三　建筑面积计算及门窗表信息收集整理

教学设计

本项目分 2 个教学任务,每个任务参照课程标准进行教学设计。根据工作过程完成建筑面积的计算和门窗表信息收集整理,建筑面积计算可参照《建筑工程建筑面积计算规范》(GB/T 50353—2013)。

项目概况

本工程为 4 层框架结构,参考图纸中建筑设计说明:建筑占地面积 193.90 m²,总建筑面积 870.50 m²,建筑高度 14.40 m,具体详见附录 A 建筑施工图 JS-01,JS-02。

任务 1　建筑面积计算规定

任务目标

1.能够熟练识读建筑设计总说明和建筑平面图。

2.理解《建筑工程建筑面积计算规范》(GB/T 50353—2013)。

3.掌握建筑面积计算规定。

任务描述

依据××厂房工程,本任务需要学习建筑面积计算规范、完成建筑面积计算、综合脚手架和垂直运输等项目的列项。

知识导入

1.综合脚手架工程。工程量清单项目设置、项目特征描述的内容、计量单位及工程量计算规则,应如表 3-1 所示综合脚手架规定执行。

表 3-1　综合脚手架

项目编码	项目名称	项目特征	计量单位	工程量计算规则	工作内容
011701001	综合脚手架	1. 建筑结构形式 2. 檐口高度	m²	按建筑面积计算	1. 场内、场外材料搬运 2. 搭、拆脚手架、斜道、上料平台 3. 安全网的铺设 4. 选择附墙点与主体连接 5. 测试电动装置、安全锁等 6. 拆除脚手架后材料的堆放

2. 垂直运输项目。工程量清单项目设置、项目特征描述的内容、计量单位、工程量计算规则应如表 3-2 所示的规定执行。

表 3-2　垂直运输

项目编码	项目名称	项目特征	计量单位	工程量计算规则	工作内容
011703001	垂直运输	1. 建筑物建筑类型及结构形式 2. 地下室建筑面积 3. 建筑物檐口高度、层数	1. m² 2. 天	1. 按《建筑工程建筑面积计算规范》(GB/T 50353—2013)的规定计算建筑物的建筑面积 2. 按施工工期日历天数	1. 垂直运输机械的固定装置、基础制作、安装 2. 行走式垂直运输机械轨道的铺设、拆除、摊销

注：①建筑物的檐口高度是指设计室外地坪至檐口滴水的高度(平屋顶系指屋面板底高度)。突出主体建筑物屋顶的电梯机房、楼梯出口间、水箱间、瞭望塔、排烟机房等不计入檐口高度。
②垂直运输机械指施工工程在合理工期内所需垂直运输机械。
③同一建筑物有不同檐高时，按建筑物的不同檐高做纵向分割，分别计算建筑面积，以不同檐高分别编码列项。

 任务实施

按照附录 A 建筑施工图 JS-02、JS-03 可知，厂房是一栋 4 层框架结构建筑物。

例题 1: 根据建筑面积计算规则可知，多层建筑物的建筑面积首层应按其外墙勒脚以上结构外围水平面积计算；2 层及以上楼层应按其外墙结构外围水平面积计算。

注意按照外墙外边线围成的面积计算如下：

首层建筑面积：$S_1 = 15.84 \times 12.24 = 193.88 (m^2)$

标准层建筑面积：$S_{2\text{-}4} = 15.84 \times 13.74 \times 3 = 652.92 (m^2)$

屋顶层建筑面积：$S_顶 = (3.4 + 0.24) \times (6 + 0.24 + 2) = 29.99 (m^2)$

总建筑面积：$\sum S_总 = 193.88 + 652.92 + 29.99 = 876.79 (m^2)$

根据知识导入表 3-1、表 3-2 工程量计算规则可知，综合脚手架和垂直运输费是根据建筑面积的工程量来计算的，所以编制措施项目清单计算，如表 3-3 所示。

表 3-3 措施项目清单

序号	项目编码	项目名称	项目特征描述	计量单位	工程量
1	011701001001	综合脚手架	建筑结构形式:框架结构 檐口高度:14.75 m	m²	876.79
2	011703001001	垂直运输	建筑物建筑类型及结构形式:厂房及框架结构 地下室建筑面积:无地下室 建筑物檐口高度、层数:14.75 m、4 层	m²	876.79

知识拓展

建筑面积计算,可参照《建筑工程建筑面积计算规范》(GB/T 50353—2013)。

一、计算建筑面积的规定

1.单层建筑物

单层建筑物的建筑面积,应按其外墙勒脚以上结构外围水平面积计算。单层建筑物高度在 2.20 m 及以上者应计算全面积;层高不足 2.20 m 者应计算 1/2 面积。

单层建筑物设有局部楼层者,局部楼层的 2 层及以上楼层,有围护结构的应按其围护结构外围水平面积计算,无围护结构的应按其结构底板水平面积计算。层高在 2.20 m 及以上者应计算全面积;层高不足 2.20 m 者应计算 1/2 面积。围护结构是指围合建筑空间四周的墙体、门、窗等。如图 3-1 所示。

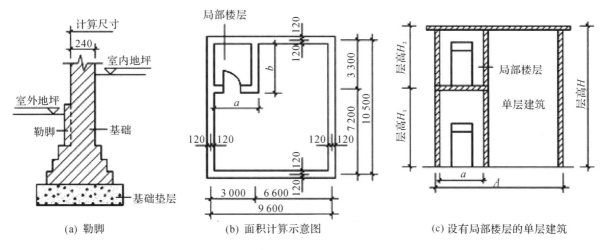

(a) 勒脚　　　　(b) 面积计算示意图　　　　(c) 设有局部楼层的单层建筑

图 3-1 单层建筑建筑面积计算

2.多层建筑物

多层建筑物的建筑面积首层,应按其外墙勒脚以上结构外围水平面积计算;2 层及以上楼层应按其外墙结构外围水平面积计算。层高在 2.20 m 及以上者应计算全面积;层高不足 2.20 m 者应计算 1/2 面积。层高是指上下两层楼面(或地面至楼面)结构标高之间的垂直距离,最上一层的层高是其楼面至屋面(最低处)结构标高之间的垂直距离。

3. 单(多)层建筑物的坡屋顶内空间

单(多)层建筑物的坡屋顶内空间,当设计加以利用时,其净高超过2.1 m的部位应计算全面积;净高在1.2～2.1 m的部位应计算1/2面积;净高不足1.2 m的部位不应计算面积。设计不利用时不应计算面积。净高是指楼面或地面至上部楼板(屋面板)底或吊顶底面之间的垂直距离。

4. 地下建筑、架空层

地下室、半地下室(包括相应的有永久性顶盖的出入口)建筑面积,应按其外墙上口(不包括采光井、外墙防潮层及其保护墙)外边线所围水平面积计算。层高在2.2 m及以上者应计算全面积;层高不足2.2 m者应计算1/2面积。房间地坪面低于室外地坪面的高度超过该房间净高的1/2者为地下室;房间地坪面低于室外地坪面的高度超过该房间净高的1/3,且不超过1/2者为半地下室;永久性顶盖是指经规划批准设计的永久使用的顶盖。

坡地建筑物吊脚架空层和深基础架空层的建筑面积,设计加以利用并有围护结构的,按围护结构外围水平面积计算。层高在2.2 m及以上者应计算全面积;层高不足2.2 m者应计算1/2面积。设计加以利用、无围护结构的建筑吊脚架空层,应按其利用部位水平面积的1/2计算;设计不利用的建筑吊脚架空层和深基础架空层,不应计算面积。具体如图3-2所示。

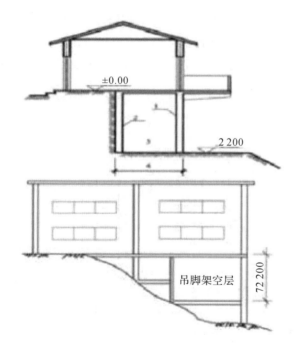

图 3-2 吊脚架空层

5. 建筑物的门厅、大厅、回廊

建筑物的门厅、大厅按一层计算建筑面积。门厅、大厅内设有回廊时,应按其结构底板水平面积计算。层高在2.2 m及以上者应计算全面积;层高不足2.2 m者应计算1/2面积。回廊是指在建筑物门厅、大厅内设置在二层或二层以上的回形走廊。

6. 室内楼梯、井道

建筑物内的室内楼梯间、电梯井、观光电梯井、提物井、管道井、通风排气竖井、垃圾道、附墙烟囱

20

应按建筑物的自然层计算,并入建筑物面积。自然层是指按楼板、地板结构分层的楼层。如遇跃层建筑,其共用的室内楼梯应按自然层计算面积;上下错层户室共用的室内楼梯,应选上一层的自然层计算面积。

7. 建筑物顶部

建筑物顶部有围护结构的楼梯间、水箱间、电梯间等,按围护结构外围水平面积计算。层高在2.20 m及以上者应计算全面积;层高不足2.20 m者应计算1/2面积。无围护结构的不计算面积。

8. 以幕墙作为围护结构的建筑物

应按幕墙外边线计算建筑面积。建筑物外墙外侧有保温隔热层的建筑物,应按保温隔热层外边线计算建筑面积。

9. 挑廊、走廊、檐廊

建筑物外有围护结构的挑廊、走廊、檐廊,应按其围护结构外围水平面积计算。层高在2.20 m及以上者应计算全面积;层高不足2.20 m者应计算1/2面积。有永久性顶盖但无围护结构的,应按其结构底板水平面积的1/2计算。

走廊是指建筑物的水平交通空间;挑廊是指挑出建筑物外墙的水平交通空间;檐廊是指设置在建筑物底层出檐下的水平交通空间。

10. 架空走廊

建筑物之间有围护结构的架空走廊,应按其围护结构外围水平面积计算。层高在2.20 m及以上者应计算全面积;层高不足2.20 m者应计算1/2面积。有永久性顶盖但无围护结构的,应按其结构底板水平面积的1/2计算。无永久性顶盖的架空走廊不计算面积。架空走廊是指建筑物与建筑物之间,在2层或2层以上专门为水平交通设置的走廊。如图3-3所示。

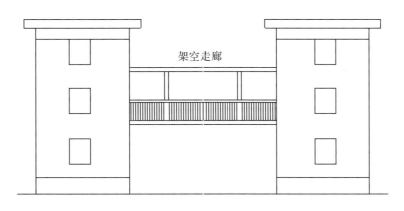

图3-3 架空走廊

11. 阳台、雨篷

建筑物阳台,不论是凹阳台、挑阳台,还是封闭阳台、敞开式阳台,均按其水平投影面积的1/2计算。阳台是供使用者进行活动和晾晒衣物的建筑空间。

雨篷,不论是无柱雨篷、有柱雨篷,还是独立柱雨篷,其结构的外边线至外墙结构外边线的宽度超过2.10 m者,均应按其雨篷结构板的水平投影面积的1/2计算。宽度在2.10 m及以内的不计算面积。雨篷是指设置在建筑物进出口上部的遮雨、遮阳篷。

12. 室外楼梯

有永久性顶盖的室外楼梯,应按建筑物自然层的水平投影面积的1/2计算。

无永久性顶盖,或不能完全遮盖楼梯的雨篷,则上层楼梯不计算面积,但上层楼梯可视作下层楼梯的永久性顶盖,下层楼梯应计算面积(即少算一层)。

二、不计算建筑面积的范围

1. 建筑物通道,包括骑楼、过街楼的底层。建筑物通道是指为道路穿过建筑物而设置的建筑空间;骑楼是指楼层部分跨在人行道上的临街楼房;过街楼是指有道路穿过建筑空间的楼房。

2. 建筑物内的设备管道夹层。

3. 建筑物内分隔的单层房间,舞台及后台悬挂的幕布、布景的天桥、挑台等。

4. 自动扶梯、自动人行道。

5. 屋顶水箱、花架、凉棚、露台、露天游泳池。

6. 勒脚、附墙柱、垛、台阶、墙面抹灰、装饰面、镶贴块料面层、设置在建筑物墙体外起装饰作用的装饰性幕墙、空调室外机搁板(箱)、飘窗、构件、配件、与建筑物内不相连通的装饰性阳台、挑廊。

7. 用于检修、消防等的室外钢楼梯、爬梯。

 **任务练习**

1. 单层建筑物设有局部楼层如图 3-4 所示,请完成图 3-4 建筑面积工程量的计算。

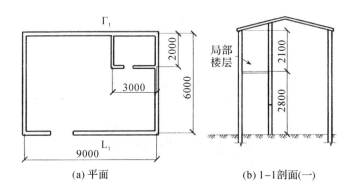

(a) 平面　　　　　　　(b) 1-1剖面(一)

图 3-4　单层建筑物设有局部楼层

2.计算二层平面图的主体结构与阳台的建筑面积,如图 3-5 所示。

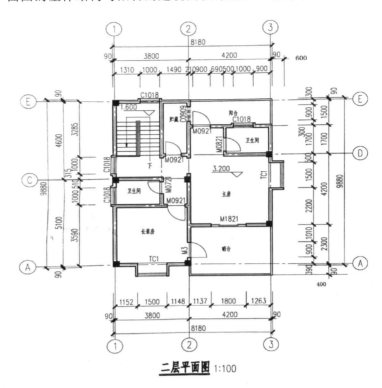

二层平面图 1:100

图 3-5　某建筑二层平面图

任务 2　门窗表信息收集整理

　任务目标

1.能够熟练识读建筑平面图。

2.理解门窗表信息收集的思想和意义。

3.掌握门窗表信息整理、过梁的计算。

　任务描述

依据××厂房工程,本任务需要学习门窗表信息收集整理。

　知识导入

一、现浇混凝土过梁

现浇混凝土基础梁参照《房屋建筑与装饰工程工程量计算规范》(GB 50854—2013)附录 E.3。现浇混凝土梁清单项目设置、项目特征描述、计量单位及工程量计算规则,应按表 3-4 的规定执行。

表 3-4 现浇混凝土梁(编号:010503)

项目编码	项目名称	项目特征	计量单位	工程量计算规则	工作内容
010503001	基础梁	1.混凝土类别 2.混凝土强度等级	m^3	按设计图示尺寸以体积计算。 不扣除构件内钢筋、预埋铁件所占体积,伸入墙内的梁头、梁垫并入梁体积内 型钢混凝土梁扣除构件内型钢所占体积 梁长: 1.梁与柱连接时,梁长算至柱侧面 2.主梁与次梁连接时,次梁长算至主梁侧面	1.模板及支架(撑)制作、安装、拆除、堆放、运输及清理模内杂物、刷隔离剂等 2.混凝土制作、运输、浇筑、振捣、养护
010503002	矩形梁				
010503003	异形梁				
010503004	圈梁				
010503005	过梁				

二、过梁模板

过梁模板参照《房屋建筑与装饰工程工程量计算规范》(GB 50854—2013)附录 S.2。过梁模板工程量清单项目设置、项目特征描述、计量单位及工程量计算规则应按表 3-5 的规定执行。

表 3-5 过梁模板

项目编码	项目名称	项目特征	计量单位	工程量计算规则	工作内容
011702009	过梁		m^2	按模板与现浇混凝土构件的接触面积计算。 1.现浇钢筋砼墙、板单孔面积≤ 0.3 m^2 的孔洞不予扣除,洞侧壁模板亦不增加;单孔面积>0.3 m^2 时应予扣除,洞侧壁模板面积并入墙、板工程量计算 2.现浇框架分别按梁、板、柱有关规定计算;附墙柱、暗梁、暗柱并入墙内工程量内计算	1.模板制作 2.模板安装、拆除、整理堆放及场内外运输 3.清理模板黏结物及模内杂物、刷隔离剂等

三、木门

木门参照《房屋建筑与装饰工程工程量计算规范》(GB 50854—2013)附录 H.1。木门工程量清单项目设置、项目特征描述、计量单位及工程量计算规则应按表 3-6 的规定执行。

表 3-6 木门(编号:010801)

项目编码	项目名称	项目特征	计量单位	工程量计算规则	工作内容
010801001	木质门	1.门代号及洞口尺寸 2.镶嵌玻璃品种、厚度	1.樘 2.m^2	1.以樘计量,按设计图示数量计算 2.以平方米计量,按设计图示洞口尺寸以面积计算	1.门安装 2.玻璃安装 3.五金安装
010801002	木质门带套				

注:木质门应区分镶板木门、企口木板门、实木装饰门、胶合板门、夹板装饰门、木纱门、全玻门(带木质扇框)、木质半玻门(带木质扇框)等项目,分别编码列项

四、金属窗

金属窗参照《房屋建筑与装饰工程工程量计算规范》(GB 50854—2013)附录 H.7。金属窗工程量清单项目设置、项目特征描述、计量单位及工程量计算规则应按表 3-7 的规定执行。

表 3-7　金属窗(编码:010807)

项目编码	项目名称	项目特征	计量单位	工程量计算规则	工作内容
010807001	金属(塑钢)窗	1. 窗代号及洞口尺寸 2. 窗框或扇外围尺寸 3. 窗框、扇材质 4. 玻璃品种、厚度	1. 樘 2. m²	1. 以樘计量,按设计图示数量计算 2. 以平方米计量,按设计图示洞口尺寸以面积计算	1. 门安装 2. 五金安装 3. 玻璃安装

注:金属窗应区分金属平开窗、金属推拉窗、金属地弹窗、全玻窗(带金属扇框)、金属半玻窗(带扇框)等项目,分别编码列项。

 任务实施

由附录 A 建筑施工图 JS-02 可知,一层外墙有门、窗共 10 樘,内墙有 1 樘门。门窗信息整理,如表 3-8 所示。

表格中过梁的混凝土和模板的计算过程如下:

(1)按照 GS-01 结构设计说明,已知过梁的尺寸,具体详见图 3-6 所示。混凝土过梁的体积公式为 V=(洞口宽+0.5)×墙厚×过梁高度,表中各门窗对应的过梁计算如下:

即 M3:$V_{M3}=(0.8+0.5)×0.24×0.12=0.04(m^3)$

C2:$V_2=(2.4+0.5)×0.24×0.2×2=0.28(m^3)$

C4:$V_4=(2.4+0.5)×0.24×0.2×2=0.28(m^3)$

C5:$V_5=(1.8+0.5)×0.24×0.2=0.11(m^3)$

C7:$V_7=(1.8+0.5)×0.24×0.2=0.11(m^3)$

过梁混凝土工程量 $\sum V=0.04+0.28+0.28+0.11+0.11=0.82(m^3)$

其中,M1,C6 上面没有过梁。判断门窗上面有无过梁,要结合门窗高度、窗台高度、门窗上面的梁高以及楼层的层高。

(2)过梁模板面积=过梁的底模+过梁的侧模。过梁的底模=洞口净长度×过梁宽度;过梁侧模=过梁侧面长度之和×过梁高度。

即 M3:$S_{M3}=0.8×0.24+(1.3+0.24)×2×0.12=0.56(m^2)$

C:$S_2=2.4×0.24+(2.9+0.24)×2×0.2=1.83(m^2)$,2 个窗 1.83×2=3.66$(m^2)$

C4:$S_4=2.4×0.24+(2.9+0.24)×2×0.2=1.83(m^2)$,2 个窗 1.83×2=3.66$(m^2)$

C5:$S_5=1.8×0.24+(2.3+0.24)×2×0.2=1.45(m^2)$

C7:$S_7=1.8×0.24+(2.3+0.24)×2×0.2=1.45(m^2)$

过梁模板工程量 $\sum S=0.56+3.66+3.66+1.45+1.45=10.78(m^2)$

3）所有门窗顶除有梁外,均设C25混凝土过梁,宽同墙宽;

洞口宽度≥1200者,过梁高H＝120,底筋3单8,分布筋Φ6@200;

1200＜洞口宽度≤1800者,H＝200,上筋2单12,下筋2单12,箍筋Φ6@200;

1800＜洞口宽度≤2400者,H＝200,上筋2单14,下筋2单14,箍筋Φ6@200;

2400＜洞口宽度≤3000者,H＝300,上筋2单16,下筋2单16,箍筋Φ6@200;

3000＜洞口宽度≤3900者,H＝300,上筋3单16,下筋3单16,箍筋Φ6@200;

过梁长度均为洞口宽度加500.若洞口在柱边,柱内应予留过梁主筋.

图 3-6　过梁做法

表 3-8　门窗　　　　　　　　　　　　　　　　　　　　　　　　　　　　　　　　单位:m²

编号	洞口尺寸(m)	面积	所在位置(数量) 一层外墙	一层内墙	过梁(m³)	过梁模板	应扣一层外墙面积	应扣一层内墙面积	平开夹板门	铝合金推拉窗
M1	3×3	9	1	—			9	—	—	—
M3	0.8×2.1	1.68	—	1	0.04	0.56	—	1.68	1.68	—
C2	2.4×1.8	4.32	2	—	0.28	3.66	8.64	—	—	8.64
C4	2.4×1.8	4.32	2	—	0.28	3.66	8.64	—	—	8.64
C5	1.8×1.8	3.24	1＋1/3 备注	—	0.11	1.45	4.32	—	—	4.32
C6	1.2×3.05	3.66	2	—	—	—	7.32	—	—	7.32
C7	1.8×0.85	1.53	1	—	0.11	1.45	1.53	—	—	1.53
小计					0.82	10.78	39.45	1.68	1.68	30.45

备注:C/4-5 轴的 C5 有 1/3 在 1 层外墙,2/3 在 2 层外墙。

（3）根据知识导入表 3-4、表 3-6、表 3-7 编制分部分项工程量清单,如表 3-9 所示。

表 3-9　分部分项工程量清单

序号	项目编码	项目名称	项目特征描述	计量单位	工程量
1	010503005001	过梁	混凝土种类:预拌混凝土 混凝土强度等级:C25	m³	0.82
2	010801001001	木质门	门代号及洞口尺寸:M3 800×2100 镶嵌玻璃品种、厚度:无	m²	1.68
3	010807001001	金属窗	框、扇材质:铝合金 玻璃品种、厚度:4 mm 白玻璃	m²	30.45

（4）根据知识导入表 3-5 编制措施项目清单计算,如表 3-10 所示。

表 3-10　措施项目清单

序号	项目编码	项目名称	项目特征描述	计量单位	工程量
1	011702009001	过梁模板		m²	10.78

**知识拓展**

现浇混凝土过梁工程量的计算步骤

第一步:判断是否有过梁。查看图纸得出门窗顶的标高,梁底标高,如果梁底标高—门窗顶标高≥过梁高度,说明有过梁。反之没有过梁。

第二步:工程量的计算。1.过梁体积公式为 V＝(洞口宽＋0.5)×墙厚×过梁高度。2.过梁模板面积＝过梁的底模面积＋过梁的侧模面积。过梁的底模面积＝洞口净长度×过梁宽度;过梁的侧模面积＝过梁侧面长度之和×过梁高度。

任务练习

参照例题完成标准层、屋顶层的外墙、内墙(具体详见附录 A 建筑施工图 JS-02、JS-03)的门窗表信息收集整理。

(1)把整理的内容填入表 3-11 中。

表 3-11　门窗表　　　　　　　　　　　　　　　　　　　　　　　　单位:m^2

| 编号 | 洞口尺寸(m) | 面积 | 所在位置(数量) | | 过梁(m^3) | 过梁模板 | 应扣外墙 | 应扣内墙 | 平开夹板门 | 铝合金推拉窗 |
			外墙	内墙						
小计										

(2)根据知识导入表 3-4、表 3-6、表 3-7 编制分部分项工程量清单,填入表 3-12。

表 3-12　分部分项工程量清单

序号	项目编码	项目名称	项目特征描述	计量单位	工程量

(3)根据知识导入表 3-5 编制措施项目清单,填入表 3-13。

表 3-13　措施项目清单

序号	项目编码	项目名称	项目特征描述	计量单位	工程量

项目四 土石方及基础工程

教学设计

本项目分2个教学任务,每个任务参照课程标准进行教学设计。根据工作过程完成计算基础工程量,可参照《房屋建筑与装饰工程工程量计算规范》(GB 50854—2013)附录A、附录E和附录S。

项目概况

××厂房工程基础为独立基础和基础梁组合的,基础埋置深度为−1.600 m,其中独立基础和基础梁均为C30泵送商品混凝土,垫层为C15非泵送商品混凝土,独立基础有J-1、J-2、J-3共3种型号,基础梁有DKL1-5、DL1等6种。具体详见附录A结构施工图GS-02。

任务1 独立基础工程

任务目标

1.能够熟练识读独立基础平面图和详图。
2.理解土方工程、独立基础与垫层清单计算规则。
3.掌握土方工程、独立基础与垫层清单工程量计算。

任务描述

依据××厂房工程,本任务需要完成基坑土方、垫层混凝土和模板、独立基础混凝土和模板工程量的计算。

知识导入

一、土方工程

土方工程参照《房屋建筑与装饰工程工程量计算规范》(GB 50854—2013)附录A.1。土方工程工程量清单项目设置、项目特征描述、计量单位及工程量计算规则,应按表4-1的规定执行。

表 4-1　土方工程(编号:010101)

项目编码	项目名称	项目特征	计量单位	工程量计算规则	工作内容
010101002	一般土方			按设计图示尺寸以体积计算	1.排地表水 2.土方开挖 3.围护(挡土板)支撑 4.基底钎探 5.运输
010101003	沟槽土方	1.土壤类别 2.挖土深度	m³	1.房屋建筑按设计图示尺寸以基础垫层底面积乘以挖土深度计算 2.构筑物按最大水平投影面积乘以挖土深度(原地面平均标高至坑底高度)以体积计算	
010101004	基坑土方				

注:①挖土方平均厚度按自然地面测量标高至设计地坪标高间的平均厚度确定。基础土方开挖深度应按基础垫层底表面标高至交付施工场地标高确定,无交付施工场地标高时,应按自然地面标高确定。
②沟槽、基坑、一般土方的划分为:底宽≤7 m,底长>3 倍底宽为沟槽;底长≤3 倍底宽、底面积≤150 m² 为基坑;超出上述范围则为一般土方。
③挖沟槽、基坑、一般土方因工作面和放坡增加的工程量(管沟工作面增加的工程量),是否并入各土方工程量,按浙江省规定实施。

二、现浇混凝土基础

现浇混凝土基础工程参照《房屋建筑与装饰工程工程量计算规范》(GB 50854—2013)附录 E.1。现浇混凝土基础工程中的垫层和混凝土基础清单项目设置、项目特征描述、计量单位及工程量计算规则,应按表格 4-2 的规定执行。

表 4-2　现浇混凝土基础(编号:010501)

项目编码	项目名称	项目特征	计量单位	工程量计算规则	工作内容
010501001	垫层				
010501002	带形基础	1.混凝土类别 2.混凝土强度等级	m³	按设计图示尺寸以体积计算。不扣除构件内钢筋、预埋铁件和伸入承台基础的桩头所占体积	1.模块及支撑制作、安装、拆除、堆放、运输及清理模内杂物、刷隔离剂等 2.混凝土制作、运输、浇筑、振捣、养护
010501003	独立基础				
010501004	满足基础				
010501005	桩承台基础				
010501006	设备基础	1.混凝土类别 2.混凝土强度等级 3.灌浆材料、灌浆材料强度等级			

注:①有肋带形基础、无肋带形基础应按 E.1 中相关项目列项,并注明肋高。
②箱式满足基础中柱、梁、墙、板按 E.2、E.3、E.4、E.5 相关项目分别编码列项;箱式满足基础底板按 E.1 的满堂基础项目列项。
③框架式设备基础中柱、梁、墙、板分别按 E.2、E.3、E.4、E.5 相关项目编码列项;基础部分按 E.1 相关项目编码列项。
④如为毛石混凝土基础,项目特征应描述毛石所占比例。

三、混凝土模板

混凝土模板工程参照《房屋建筑与装饰工程工程量计算规范》(GB 50854—2013)附录 S.2。混凝土垫层、独立基础和基础梁的模板清单项目设置、项目特征描述、计量单位及工程量计算规则,应按表4-3 的规定执行。

表 4-3　混凝土模板(编号:011702)

项目编码	项目名称	项目特征	计量单位	工程量计算规则	工作内容
011702001	基础	基础形状	m²	按模板与现浇混凝土构件的接触面积计算。 1. 现浇钢筋砼墙、板单孔面积≤0.3 m²的孔洞不予扣除,洞侧壁模板亦不增加;单孔面积>0.3 m²时应予扣除,洞侧壁模板面积并入墙、板工程量内计算 2. 现浇框架分别按梁、板、柱有关规定计算;附墙柱、暗梁、暗柱并入墙内工程量计算 3. 柱、梁、墙、板相互连接的重叠部分,均不计算模板面积 4. 构造柱按图示外露部分计算模板面积	1. 模板制作 2. 模板安装、拆除、整理堆放及场内外运输 3. 清理模板黏结物及模内杂物、刷隔离剂等
011702005	基础梁				

任务实施

按照附录 A 结构施工图 GS-02 可知,独立基础有 J-1、J-2、J-3,皆为坡形独立基础。独立基础为 C30 泵送商品混凝土,垫层为 C15 泵送商品混凝土。以 J-1 为例,介绍独立基础工程量计算。

J-1 清单工程量的计算,包括基坑土方,垫层混凝土、模板,独立基础混凝土和模板清单工程量的计算。如图 4-1 所示。

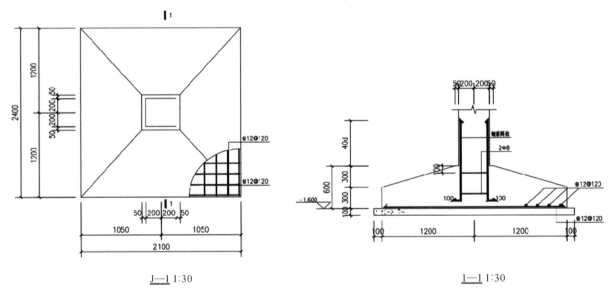

图 4-1　独立基础 J-1

(1)基坑土方:由图 4-1 已知 A=2.3 m,B=2.6 m,C 取 0.3 m,室外地坪标高为−0.450 m,所以挖土深度为 H=1.7−0.45=1.25(m)(挖土深度从基础垫层底算至室外地坪标高),土方为人工挖土,一、二类土时 K 取 0.5,代入下式。

$$V = (A+2C+KH)(B+2C+KH) \times H + \frac{K^2H^3}{3}$$

$$= (2.3+0.6+0.5\times1.25) \times (2.6+0.6+0.5\times1.25) \times 1.25 + 0.5^2 \times 1.25^3/3$$

$$= 17.02(\text{m}^3)$$

4 个为 17.02×4＝68.08(m³)

(2)垫层：V＝2.3×2.6×0.1＝0.60(m³),4 个为 0.6×4＝2.40(m³)

(3)模板工程属于措施项目清单,模板的工程量按照接触面积计算(下同)。

垫层模板：S＝(2.3＋2.6)×2×0.1＝0.98(m²),4 个为 0.98×4＝3.92(m²)

(4)独立基础：V＝V₁＋V₂

$$= 2.1\times2.4\times0.3 + 0.3/6\times(2.1\times2.4+0.5\times0.5+2.6\times2.9)$$

$$= 2.15(\text{m}^3)$$

4 个为 2.15×4＝8.60(m³)

(5)独立基础模板：S＝(2.1＋2.4)×2×0.3＝2.70(m²),4 个为 2.7×4＝10.80(m²)

根据知识导入表 4-1、表 4-2 编制分部分项工程量清单,如表 4-4 所示。

表 4-4　分部分项工程量清单

序号	项目编码	项目名称	项目特征描述	计量单位	工程量
1	010101004001	基坑土方	土壤类别:一、二类土 挖土深度:1.25 m 弃土运距:不详	m³	68.08
2	010501001001	垫层	混凝土种类:非泵送商品混凝土 混凝土强度等级:C15	m³	2.40
3	010501003001	独立基础	混凝土种类:泵送商品混凝土 混凝土强度等级:C30	m³	8.60

根据知识导入表 4-3 编制措施项目清单,如表 4-5 所示。

表 4-5　措施项目清单

序号	项目编码	项目名称	项目特征描述	计量单位	工程量
1	011702001001	基础	独立基础垫层模板	m²	3.92
2	011702001002	基础	独立基础模板	m²	10.80

 知识拓展

1.按照浙江省补充规定:清单工程量的计算参照定额计算规则

基坑土方公式为

$$V = (A+2C+KH)(B+2C+KH) \times H + \frac{K^2H^3}{3}$$

式中,V——挖土体积(m³);

A,B——基础垫层宽度(m);

C——工作面宽度(m),其中垫层为混凝土时取 30 cm;

H——挖土深度,计量单位:m。(挖土深度一般从基础垫层底算至交付施工场地标高;无交付施工地标高时,从基础垫层底算至自然地坪标高;两者均无,则从基础垫层底算至室外地坪标高。)

K——人工挖土放坡系数如表 4-6 所示。

表 4-6　人工挖土放坡系数

土壤类别	放坡起点(m)	放坡系数 K
一、二类土	1.2	0.5
三类土	1.5	0.33

2.桩承台基础(独立基础)混凝土工程量计算规则

工程量按图示(图 4-2)尺寸,以体积(m³)计算。

计算公式:$V = V_1 + V_2 + V_3$。

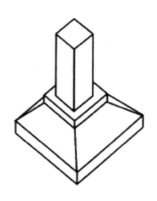

图 4-2　独立基础

式中,V_1——基底长方体体积;

V_2——中间四棱台体积[参照公式 $V = \dfrac{H}{6}[ab + AB + (A+a) \times (B+b)]$];

V_3——基顶长方体体积。

任务练习

1.参照例题完成 J-2、J-3,如图 4-3 所示的清单工程量的计算,把计算过程填入表 4-7 中。

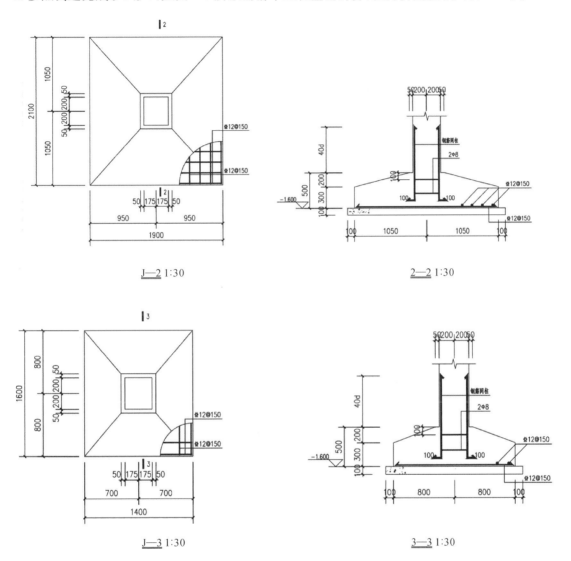

图 4-3 J-2、J-3 基础图

表 4-7 J-2、J-3 工程量的计算

序号	项目名称	计算过程
1	基坑土方	J-2:
		J-3:
2	垫层	J-2:
		J-3:
3	垫层模板	J-2:
		J-3:

序号	项目名称	计算过程
4	独立基础	J-2：
		J-3：
5	独立基础模板	J-2：
		J-3：

2.根据知识导入表 4-1、表 4-2 编制分部分项工程量清单,如表 4-8 所示。

表 4-8　分部分项工程量清单

序号	项目编码	项目名称	项目特征描述	计量单位	工程量
1					
2					
3					

3.根据知识导入表 4-3 编制措施项目清单,如表 4-9 所示。

表 4-9　措施项目清单

序号	项目编码	项目名称	项目特征描述	计量单位	工程量
1					
2					

任务 2　基础梁工程

任务目标

1.能够熟练识读基础梁平面图和详图。

2.理解土方工程、基础梁与垫层清单计算规则。

3.掌握土方工程、基础梁与垫层清单工程量计算。

任务描述

依据××厂房工程,本任务需要完成基槽土方、垫层混凝土和模板、基础梁混凝土和模板工程量的计算。

知识导入

一、现浇混凝土基础梁

现浇混凝土基础梁参照《房屋建筑与装饰工程工程量计算规范》(GB 50854—2013)附录 E.3。现浇混凝土梁清单项目设置、项目特征描述、计量单位及工程量计算规则,应按表4-10的规定执行。

表 4-10　现浇混凝土梁(编号:010503)

项目编码	项目名称	项目特征	计量单位	工程量计算规则	工作内容
010503001	基础梁	1.混凝土类别 2.混凝土强度等级	m³	按设计图示尺寸以体积计算 不扣除构件内钢筋、预埋铁件所占体积,伸入墙内的梁头、梁垫并入梁体积 型钢混凝土梁扣除构件内型钢所占体积。 梁长: 1.梁与柱连接时,梁长算至柱侧面 2.主梁与次梁连接时,次梁长算至主梁侧面	1.模板及支架(撑)制作、安装、拆除、堆放、运输及清理模内杂物、刷隔离剂等 2.混凝土制作、运输、浇筑、振捣、养护
010503002	矩形梁				
010503003	异形梁				
010503004	圈梁				
010503005	过梁				

🗨 任务实施

例1由附录A结构施工图GS-02可知,基础梁有DKL1-5、DL1等6种,基础梁为C30泵送商品混凝土,垫层为C15泵送商品混凝土。DKL1(如图4-4)清单工程量的计算包括基槽土方,垫层混凝土、模板,基础梁混凝土和模板清单工程量的计算。(独立基础与基础梁搭接部分此处不考虑)

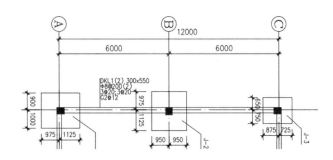

图 4-4　DKL1 平面图

(1)土方:已知基础梁垫层底宽0.5 m,C取0.3 m,$H=1.7-0.45=1.25(\text{m})$(挖土深度从基础垫层底算至室外地坪标高,-0.45为室外地坪标高),土方为一、二类土时 $K=0.5$,$L=12-1.125-1.9-0.875=8.1(\text{m})$,代入公式:$V=(B+2C+KH)\times H\times L=(0.5+0.6+0.5\times1.25)\times1.25\times8.1=17.46(\text{m}^3)$

(2)垫层:$V=$截面积×长度$=0.5\times0.1\times8.1=0.41(\text{m}^3)$

(3)垫层模板:$S=8.1\times2\times0.1=1.62(\text{m}^2)$

(4)基础梁(基础搭接体积按实计算,此处不计):$V=$截面积×长度$+V_{搭接体积}=0.3\times0.55\times(12-1.125-1.9-0.875)+V_{搭接体积}=1.34(\text{m}^3)$

(5)基础梁模板:$S=0.55\times2\times8.1=8.91(\text{m}^2)$

(6)砖基础:$V=$截面积×长度$=1.05\times0.24\times(12-0.275-0.35-0.275)=2.80(\text{m}^3)$

(7)砖基抹灰:$S=1.05\times(12-0.275-0.35-0.275)\times2=23.31(\text{m}^2)$

(8)根据知识导入表4-1、表4-10编制分部分项工程量清单,如表4-11所示。

表 4-11 分部分项工程量清单

序号	项目编码	项目名称	项目特征描述	计量单位	工程量
1	010101003001	沟槽土方	土壤类别:一、二类土 挖土深度:1.25 m 弃土运距:不详	m³	17.46
2	010501001002	垫层	混凝土种类:非泵送商品混凝土 混凝土强度等级:C15	m³	0.41
3	010503001001	基础梁	混凝土种类:泵送商品混凝土 混凝土强度等级:C30	m³	1.83
4	010401001001	砖基础	MU15 混凝土实心砖,M10 水泥砂浆砌筑, 6 厚 1:3 水泥砂浆防潮层	m³	2.80
5	010903003001	墙面砂浆 防水(防潮)	±0.000 以下墙面 6 厚 1:3 水泥砂浆双面 粉刷	m²	23.31

(9)根据知识导入表 4-3 编制措施项目清单,如表 4-12 所示。

表 4-12 措施项目清单

序号	项目编码	项目名称	项目特征描述	计量单位	工程量
1	011703001003	基础	基础梁垫层模板	m²	1.62
2	011702005001	基础梁	基础梁模板	m²	8.91

 知识拓展

按照浙江省补充规定,清单工程量的计算参照定额计算规则

挖基槽土方工程量计算规则计算公式为 $V=(B+2C+KH)\times H\times L$。

基础土方示意图如图 4-5 所示。

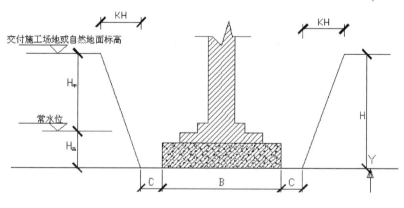

图 4-5 基础土方示意图

式中,V——挖土体积(m³)、B——基础垫层宽度(m)、C——工作面宽度(m)、K——放坡系数、L——基槽长度,外墙按外墙中心线长度计算;内墙按基础底净长计算,不扣除垫层重叠部分的长度。如遇柱下独立基础,则应扣除独立基础所占的长度。其长度计算方法,与地槽挖土长度、带形基础、基础梁的长度计算方法相同。

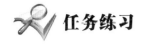 **任务练习**

1. 参照例题完成其余基础梁 DKL2-5、DL1(具体详见附录 A 结构施工图 GS-02)的清单工程量的计算并填表,计算过程填入表 4-13 中。

表 4-13　基础梁 DKL2-5,DL1 工程工程量的计算

序号	项目名称	计算过程
1	沟槽土方	DKL2
		DKL3
		DKL4
		DKL5
		DL1
2	垫层	DKL2
		DKL3
		DKL4
		DKL5
		DL1
3	基础梁	DKL2
		DKL3
		DKL4
		DKL5
		DL1
4	实心砖墙基础	DKL2
		DKL3
		DKL4
		DKL5
		DL1
5	实心砖墙基础抹灰	DKL2
		DKL3
		DKL4
		DKL5
		DL1

2.根据知识导入表 4-1、表 4-2 编制分部分项工程量清单,如表 4-14 所示。

表 4-14 分部分项工程量清单

序号	项目编码	项目名称	项目特征描述	计量单位	工程量
1					
2					
3					
4					
5					

3.根据知识导入表 4-3 编制措施项目清单,如表 4-15 所示。

表 4-15 措施项目清单

序号	项目编码	项目名称	项目特征描述	计量单位	工程量

项目五 混凝土柱、梁、板、楼梯工程

教学设计

本项目分 4 个教学任务,每个任务参照课程标准进行教学设计。根据工作过程完成计算混凝土柱、梁、板、楼梯工程工程量,参照《房屋建筑与装饰工程工程量计算规范》(GB 50854—2013)附录 E 和附录 S。

项目概况

××厂房工程结构体系为框架结构,共 4 层。柱、梁、板、楼梯均为 C30 泵送商品混凝土,详见附录 A 结构施工图 GS-01～GS-08。

任务 1 混凝土柱工程

任务目标

1. 能够熟练识读柱平法施工图。
2. 理解混凝土柱清单计算规则。
3. 掌握混凝土柱清单工程量计算。

任务描述

依据××厂房工程,本任务需要完成混凝土柱和模板工程工程量的计算。

知识导入

一、现浇混凝土柱

现浇混凝土柱参照《房屋建筑与装饰工程工程量计算规范》(GB 50854—2013)附录 E.2。现浇混凝土柱清单项目设置、项目特征描述、计量单位及工程量计算规则,应按表 5-1 的规定执行。

表 5-1 现浇混凝土柱(编号:010502)

项目编码	项目名称	项目特征	计量单位	工程量计算规则	工作内容
010502001	矩形柱	1.混凝土类别 2.混凝土强度等级	m³	按设计图示尺寸以体积计算 柱高: ①有梁板的柱高,应自柱基上表面(或楼板上表面)至上一层楼板上表面之间的高度计算 ②无梁板的柱高,应自柱基上表面(或楼板上表面)至柱帽下表面之间的高度计算 ③框架柱的柱高应自柱基上表面至柱顶高度计算 ④构造柱按全高计算,嵌接墙体部分(马牙槎)并入柱身体积 ⑤依附柱上的牛腿和升板的柱帽,并入柱身体积计算	1.模板及支架(撑)制作、安装、拆除、堆放、运输及清理模内杂物、刷隔离剂等 2.混凝土制作、运输、浇筑、振捣、养护
010502002	构造柱				
010502003	异形柱	1.柱形状 2.混凝土类别 3.混凝土强度等级			

注:混凝土类别指清水混凝土、彩色混凝土等。如在同一地区既使用预拌(商品)混凝土、又允许现场搅拌混凝土时,应注明。

二、混凝土模板

混凝土模板工程参照《房屋建筑与装饰工程工程量计算规范》(GB 50854—2013)附录 S.2。混凝土柱的模板清单项目设置、项目特征描述、计量单位及工程量计算规则,应按表 5-2 的规定执行。

表 5-2 混凝土柱模板(编号:011702)

项目编码	项目名称	项目特征	计量单位	工程量计算规则	工作内容
011702002	矩形柱	支撑高度	m²	按模板与现浇混凝土构件的接触面积计算。 ①现浇钢筋砼墙、板单孔面积≤0.3 m²的孔洞不予扣除,洞侧壁模板亦不增加;单孔面积>0.3 m²时应予扣除,洞侧壁模板面积并入墙、板工程量计算 ②现浇框架分别按梁、板、柱有关规定计算;附墙柱、暗梁、暗柱并入墙内工程量计算 ③柱、梁、墙、板相互连接的重叠部分,均不计算模板面积 ④构造柱按图示外露部分计算模板面积	1.模板制作 2.模板安装、拆除、整理堆放及场内外运输 3.清理模板黏结物及模内杂物、刷隔离剂等
011702003	构造柱				
011702004	异形柱	柱截面形状			

 任务实施

按照附录 A 结构施工图 GS-03 可知,柱的类型为框架柱,1~4 层(基础顶~标高 14.350 处)有 1KZ1、1KZ2、1KZ3、1KZ4,屋面层(标高 14.350~17.350 处)有 4KZ1,皆为矩形柱,混凝土为 C30 泵送商品混凝土。现以 1 层外墙处(即①、⑤、A、C 轴线)框架柱为例,介绍混凝土柱工程量计算。

一层柱平法配筋图,如图 5-1 所示。清单工程量的计算,包括混凝土和模板清单工程量的计算。一层外墙处框架柱,如图 5-2 所示。

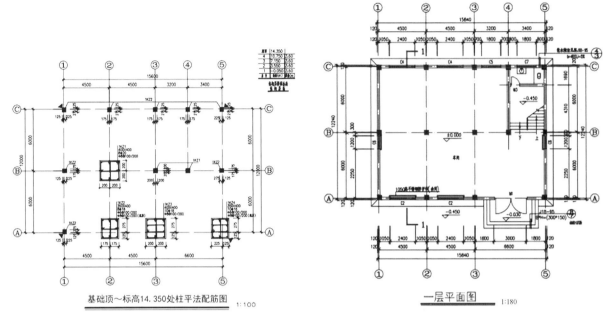

图 5-1 一层柱平法配筋图   图 5-2 一层外墙处框架柱

(1)混凝土工程量:由施工图 GS-03 可知,一层外墙处框架柱共有 11 个,其中 1KZ2 有 9 个、1KZ3 有 1 个、1KZ4 有 1 个;由施工图 GS-02 可知,相应位置的柱基 J-1 基顶标高为 −1.000,柱基 J-2,J-3 基顶标高为 −1.100。

1KZ2:$V_1 = 0.35 \times 0.4 \times (1.1 + 3.55) \times 9 = 5.86(m^3)$

1KZ3:$V_2 = 0.4 \times 0.4 \times (1.0 + 3.55) = 0.73(m^3)$

1KZ4:$V_3 = 0.35 \times 0.4 \times (1.1 + 3.55) = 0.65(m^3)$

合计　$\sum V = 5.86 + 0.73 + 0.65 = 7.24(m^3)$

(2)模板工程量:按模板与现浇混凝土构件的接触面积计算。

1KZ2:$S_1 = (0.35 + 0.4) \times 2 \times (1.1 + 3.55) \times 9 = 62.78(m^2)$

1KZ3:$S_2 = 0.4 \times 4 \times (1.0 + 3.55) = 7.28(m^2)$

1KZ4:$S_3 = (0.35 + 0.4) \times 2 \times (1.1 + 3.55) = 6.98(m^2)$

合计　$\sum S = 62.78 + 7.28 + 6.98 = 77.04(m^2)$

(3)一层外墙处框架柱详见一层平面图 5-2。按照统筹计算的思想,此处应扣体积在第六章计算一层外墙工程量时会用到。应扣一层外墙体积为:

4 个转角处 L 型:$V_1 = (0.35 \times 0.4 - 0.11 \times 0.16) \times 3.55 \times 4 = 1.74(m^3)$

一字型:$V_2 = (0.35 \times 6 + 0.4) \times 0.24 \times 3.55 = 2.13(m^3)$

合计:$\sum V = 1.74 + 2.13 = 3.87(m^3)$

以上工程量汇总,如表 5-3 所示。

表 5-3　混凝土结构(柱)工程量的计算

构件	类型	计算表达式	柱混凝土(m³)	柱模板(m²)	应扣砌体(m³)
KZ2、KZ4		$V=0.35\times0.4\times(1.1+3.55)\times9+0.35$ $\times0.4\times(1.1+3.55)$	6.51	69.76	
	L型角柱4个	$V=(0.35\times0.4-0.11\times0.16)\times3.55\times4$			1.74
KZ3		$V=0.4\times0.4\times(1.0+3.55)$	0.73	7.28	
	一字形1个	$V=(0.35\times6+0.4)\times0.24\times3.55$			2.13
小计			7.24	77.04	3.87

(4)根据知识导入表 5-1 编制分部分项工程量清单,如表 5-4 所示。

表 5-4　分部分项工程量清单

序号	项目编码	项目名称	项目特征描述	计量单位	工程量
1	010502001001	矩形柱	混凝土种类:泵送商品混凝土 混凝土强度等级:C30	m³	7.24

根据知识导入表 5-2 编制措施项目清单,如表 5-5 所示。

表 5-5　措施项目清单

序号	项目编码	项目名称	项目特征描述	计量单位	工程量
1	011702002001	矩形柱模板	柱截面:矩形 支撑高度:3.6 m	m²	77.04

 知识拓展

1.现浇混凝土柱混凝土工程量计算规则

计算公式:$V=S\times H+V_{牛腿}$

式中:S——柱截面积;

H——柱高,柱高取定:

(a)有梁板的柱高,自柱基顶面(或楼板上表面)算至上一层楼板上表面;

(b)无梁板的柱高,自柱基顶面(或楼板上表面)算至柱帽下表面;

(c)无楼隔层的柱高,自柱基顶面算至柱顶面;

(d)构造柱的柱高,自柱基顶面或楼面算至框架梁、连续梁等单梁(不含圈、过梁)底标高。

注意:构造柱与墙咬接的马牙槎按柱高每侧 3 cm 合并计算。

2. 应扣墙体工程量计算规则

柱和墙体扣减关系如图 5-3 所示,以柱 350×400,墙厚 240,外边对齐为例。

图 5-3 柱和墙体扣减关系

L 型应扣体积:$V_L=(0.35×0.4-0.16×0.11)×$ 柱高。

一字型应扣体积:$V_-=0.24×0.35×$ 柱高。

T 字型应扣体积:$V_T=(0.24×0.35+0.16×0.24)×$ 柱高。

 任务练习

1. 参照例题完成一层内墙 1KZ1 与 14.350~17.350 处 4KZ1 的清单工程量的计算,并填入表 5-6 中。

表 5-6 混凝土结构(柱)工程量的计算

构件	名称	计算表达式	柱混凝土	柱模板	应扣砌体
1KZ2	柱混凝土				
	柱模板				
	应扣砌体				
4KZ1	柱混凝土				
	柱模板				
	应扣砌体				
	小计				

2. 根据知识导入表 5-1 编制分部分项工程量清单,如表 5-7 所示。

表 5-7 分部分项工程量清单

序号	项目编码	项目名称	项目特征描述	计量单位	工程量
1					

3. 根据知识导入表 5-2 编制措施项目清单计算表,如表 5-8 所示。

表 5-8 措施项目清单

序号	项目编码	项目名称	项目特征描述	计量单位	工程量
1					

任务 2　混凝土梁工程

 任务目标

1. 能够熟练识读梁平法配筋图。
2. 理解混凝土梁清单计算规则。
3. 掌握混凝土梁清单工程量的计算。

 任务描述

依据××厂房工程，本任务需要完成混凝土梁和模板工程量的计算。

 知识导入

一、现浇混凝土梁

现浇混凝土梁参照《房屋建筑与装饰工程工程量计算规范》(GB 50854—2013)附录 E.3。现浇混凝土梁清单项目设置、项目特征描述、计量单位及工程量计算规则，应按表 5-9 的规定执行。

表 5-9　现浇混凝土梁(编号:010503)

项目编码	项目名称	项目特征	计量单位	工程量计算规则	工作内容
010503001	基础梁	1.混凝土类别 2.混凝土强度等级	m³	按设计图示尺寸以体积计算。不扣除构件内钢筋、预埋铁件所占体积，伸入墙内的梁头、梁垫并入梁体积。型钢混凝土梁扣除构件内型钢所占体积。梁长: 1.梁与柱连接时，梁长算至柱侧面 2.主梁与次梁连接时，次梁长算至主梁侧面	1.模板及支架(撑)制作、安装、拆除、堆放、运输及清理模内杂物、刷隔离剂等 2.混凝土制作、运输、浇筑、振捣、养护
010503002	矩形梁				
010503003	异形梁				
010503004	圈梁				
010503005	过梁				

二、混凝土模板

混凝土模板工程参照《房屋建筑与装饰工程工程量计算规范》GB 50854—2013 附录 S.2。混凝土梁的模板清单项目设置、项目特征描述、计量单位及工程量计算规则，应按表 5-10 的规定执行。

44

表 5-10 混凝土梁模板(编号:011702)

项目编码	项目名称	项目特征	计量单位	工程量计算规则	工作内容
011702006	矩形梁	1.梁截面形状 2.支撑高度	m^2	按模板与现浇混凝土构件的接触面积计算。 1.现浇钢筋砼墙、板单孔面积≤0.3 m^2 的孔洞不予扣除,洞侧壁模板亦不增加;单孔面积>0.3 m^2 时应予扣除,洞侧壁模板面积并入墙、板工程量计算 2.现浇框架分别按梁、板、柱有关规定计算;附墙柱、暗梁、暗柱并入墙内工程量计算 3.柱、梁、墙、板相互连接的重叠部分,均不计算模板面积 4.构造柱按图示外露部分计算模板面积	1.模板制作 2.模板安装、拆除、整理堆放及场内外运输 3.清理模板黏结物及模内杂物、刷隔离剂等
011702007	异形梁				
011702008	圈梁				
011702009	过梁				
011702010	弧形、拱形梁				

任务实施

由附录 A 结构施工图 GS-04～GS-06 可知,混凝土梁共 5 层,分别为标高 3.550、7.150(10.750)、14.350、17.350 处,混凝土为 C30 泵送商品混凝土。现以 3.550 层外墙处(即①、⑤、1/A、A、C 轴线)框架梁为例,介绍混凝土梁工程量计算。

3.550 层外墙处框架梁,如图 5-4 所示。清单工程量的计算包括混凝土和模板清单工程量的计算。

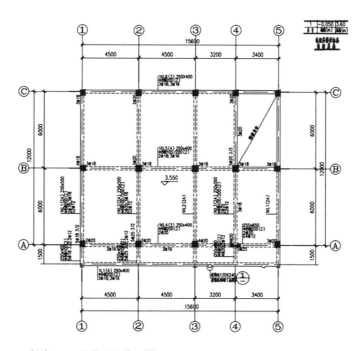

标高3.550处梁平法施工图 1:100

图 5-4 3.550 层外墙处框架梁平面图

（1）混凝土工程量。

①和⑤轴 1KL1：$V_1 = (12-0.275-0.35-0.275) \times 0.25 \times 0.55 + (1.5-0.125 \times 2) \times 0.25 \times 0.4$
$= 11.1 \times 0.25 \times 0.55 + 1.25 \times 0.25 \times 0.4 = 1.65(m^3)，1.65 \times 2(支) = 3.30(m^3)$

C 轴 1KL6：$V_2 = (15.6-0.225 \times 2-0.35 \times 3) \times 0.25 \times 0.4 = 14.1 \times 0.25 \times 0.4 = 1.41(m^3)$

A 轴 1KL4：$V_3 = (15.6-0.225 \times 2-0.35-0.4) \times 0.25 \times 0.4 = 14.4 \times 0.25 \times 0.4 = 1.44(m^3)$

1/A 轴 1L1：$V_4 = (15.6+0.25) \times 0.25 \times 0.4 + 结点 0.12 \times 0.24 \times 0.4 \times 5(个)$
$= 15.85 \times 0.25 \times 0.4 + 0.058 = 1.64(m^3)$

合计 $\sum V = 3.3+1.41+1.44+1.64 = 7.79(m^3)$

（2）模板工程量，按模板与现浇混凝土构件的接触面积计算。

①、⑤轴 1KL1：$S_1 = 11.1 \times (0.25+0.55 \times 2-0.12) + 1.25 \times (0.25+0.4 \times 2-0.09)$
$= 14.85，14.85 \times 2(支) = 29.7(m^2)$

C 轴 1KL6：$S_2 = 14.1 \times (0.25+0.4 \times 2-0.12) = 13.11(m^2)$

A 轴 1KL4：$S_3 = 14.4 \times (0.25+0.4 \times 2-0.12-0.09) = 12.1(m^2)$

1/A 轴 1L1：$S_4 = 15.85 \times (0.25+0.4 \times 2-0.09) + 节点(0.12 \times 2+0.24) \times 0.4 \times 5 个$
$= 16.18(m^2)$

合计 $\sum S = 29.7+13.11+12.1+16.18 = 71.09(m^2)$

（3）按照统筹计算的思想，此处应扣一层外墙体积在第六章计算一层外墙工程量时会用到。应扣一层外墙体积为：

①和⑤轴 1KL1：$V_1 = 11.1 \times 0.24 \times 0.55 = 1.465(m^3)，1.465 \times 2(支) = 2.93(m^3)$

C 轴 1KL6：$V_2 = 14.1 \times 0.24 \times 0.4 = 1.35(m^3)$

A 轴 1KL4：$V_3 = 14.4 \times 0.24 \times 0.4 = 1.38(m^3)$

合计 $\sum V = 2.93+1.35+1.38 = 5.66(m^3)$

（4）根据知识导入表 5-9 编制分部分项工程量清单，如表 5-11 所示。

表 5-11 分部分项工程量清单

序号	项目编码	项目名称	项目特征描述	计量单位	工程量
1	010503002001	矩形梁	混凝土种类：泵送商品混凝土 混凝土强度等级：C30	m^3	7.79

根据知识导入表 5-10 编制措施项目清单，如表 5-12 所示。

表 5-12 措施项目清单

序号	项目编码	项目名称	项目特征描述	计量单位	工程量
1	011702006001	矩形梁模板	梁截面：矩形 支撑高度：3.6 m	m^2	71.09

 **知识拓展**

1.现浇混凝土梁混凝土工程量计算规则

工程量按设计图示尺寸以体积计算,不扣除构件内钢筋、预埋件所占体积,伸入墙内的梁头、梁垫并入梁体积计算。梁与墙重叠部分,如图5-5所示。

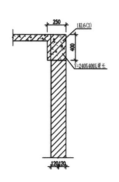

计算公式:V=S×L

式中,S——梁断面积;

L——梁长,取定如下:

(a)梁与柱相连接时,梁长算至柱侧面;

(b)梁与梁连接时,次梁算至主梁侧面;

(c)梁与钢筋混凝土墙连接时,梁长算至墙侧面。

2.梁下有墙体工程量计算规则

计算混凝土工程量时,应扣除梁与墙重叠部分体积。

图5-5　梁与墙重叠

以1KL6(3)梁为例,梁与墙重叠部分应扣体积为:

V=0.24×0.4×梁长(特别注意这里是0.24而非0.25)

如梁下无墙体,则需要计算梁两侧的抹灰。这部分内容在项目七梁柱面工程量计算章节讲解。

 **任务练习**

1.参照例题完成7.150(10.750)层2KL1~2KL8、2L1~2L5清单工程量的计算,把计算过程填入表5-13中。

表5-13　混凝土结构(梁)工程量的计算

构件	项目	计算表达式	梁混凝土	梁模板	应扣砌体
2KL1	梁混凝土				
	梁模板				
	应扣砌体				

2.根据知识导入表5-9编制分部分项工程量清单,如表5-14所示。

表5-14 分部分项工程量清单

序号	项目编码	项目名称	项目特征描述	计量单位	工程量
1					

3.根据知识导入表5-10编制措施项目清单,如表5-15所示。

表5-15 措施项目清单

序号	项目编码	项目名称	项目特征描述	计量单位	工程量
1					

任务3 混凝土板工程

 任务目标

1.能够熟练识读板平法配筋图。

2.理解混凝土板清单计算规则。

3.掌握混凝土板清单工程量的计算。

 任务描述

依据××厂房工程,本任务需要完成混凝土板和模板工程量的计算。

 **知识导入**

一、现浇混凝土板

现浇混凝土板参照《房屋建筑与装饰工程工程量计算规范》GB 50854—2013 附录 E.3。现浇混凝土板清单项目设置、项目特征描述、计量单位及工程量计算规则,应按表5-16的规定执行。

表 5-16　现浇混凝土板(编号:010505)

项目编码	项目名称	项目特征	计量单位	工程量计算规则	工作内容
010505001	有梁板	1.混凝土类别 2.混凝土强度等级	m³	按设计图示尺寸以体积计算,不扣除构件内钢筋、预埋铁件及单个面积≤0.3 m²的柱、垛以及孔洞所占体积。压形钢板混凝土楼板扣除构件内压形钢板所占体积。有梁板(包括主、次梁与板)按梁、板体积之和计算,无梁板按板和柱帽体积之和计算,各类板伸入墙内的板头并入板体积,薄壳板的肋、基梁并入薄壳体积计算	1.模板及支架(撑)制作、安装、拆除、堆放、运输及清理模内杂物、刷隔离剂等 2.混凝土制作、运输、浇筑、振捣、养护
010505002	无梁板				
010505003	平板				
010505004	拱板				
010505005	薄壳板				
010505006	栏板				
010505007	天沟(檐沟)、挑檐板	1.混凝土类别 2.混凝土强度等级		按设计图示尺寸以体积计算	
010505008	雨篷、悬挑板、阳台板			按设计图示尺寸以墙外部分体积计算。包括伸出墙外的牛腿和雨篷反挑檐的体积	
010505010	其他板			按设计图示尺寸以体积计算	

注:现浇挑檐、天沟板、雨篷、阳台与板(包括屋面板、楼板)连接时,以外墙外边线为分界线;与圈梁(包括其他梁)连接时,以梁外边线为分界线。外边线以外为挑檐、天沟、雨篷或阳台。

二、混凝土模板

混凝土模板工程参照《房屋建筑与装饰工程工程量计算规范》(GB 50854—2013)附录 S.2。混凝土板的模板清单项目设置、项目特征描述、计量单位及工程量计算规则,应按表 5-17 的规定执行。

表 5-17　混凝土板模板(编号:011702)

项目编码	项目名称	项目特征	计量单位	工程量计算规则	工作内容
011702014	有梁板	支撑高度	m²	按模板与现浇混凝土构件的接触面积计算 1.现浇钢筋砼墙、板单孔面积≤0.3 m²的孔洞不予扣除,洞侧壁模板亦不增加;单孔面积＞0.3 m²时应予扣除,洞侧壁模板面积并入墙、板工程量计算 2.现浇框架分别按梁、板、柱有关规定计算;附墙柱、暗梁、暗柱并入墙内工程量计算 3.柱、梁、墙、板相互连接的重叠部分,均不计算模板面积 4.构造柱按图示外露部分计算模板面积	1.模板制作 2.模板安装、拆除、整理堆放及场内外运输 3.清理模板黏结物及模内杂物、刷隔离剂等
011702015	无梁板				
011702016	平板				
011702017	拱板				
011702018	薄壳板				
011702020	其他板				
011702021	栏板				

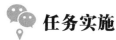 **任务实施**

由附录 A 结构施工图 GS-04～GS-06 可知,混凝土板共有 5 层,分别为标高 3.550,7.150(10.750),14.350,17.350 处,混凝土强度等级为 C30。以标高 3.550 处板为例,介绍混凝土板工程量计算。

标高 3.550 处板,如图 5-6 所示。清单工程量包括混凝土和模板清单工程量的计算。

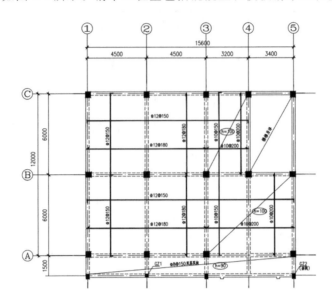

图 5-6　标高 3.550 处板平面图

(1)混凝土工程量:由施工图 GS-04 可知,该层共有 3 种板厚,③~④/B~C,③~⑤/A~B 轴板厚为 100 mm。①~⑤/A 轴以外板厚为 90 mm,其余未注明板厚为 120 mm。

$V_1 = (15.6 - 0.25 \times 4) \times (1.5 - 0.25) \times 0.09 = 18.25 \times 0.09 = 1.64 (\text{m}^3)$

$V_2 = [(3.0 - 0.25) \times (6 - 0.25) + (6.6 - 0.25 \times 2) \times (6 - 0.25)] \times 0.1 = 50.89 \times 0.1 = 5.09 (\text{m}^3)$

$V_3 = (9 - 0.25 \times 2) \times (12 - 0.25 \times 2) \times 0.12 = 97.75 \times 0.12 = 11.73 (\text{m}^3)$

$\sum V = 1.64 + 5.09 + 11.73 = 18.46 (\text{m}^3)$

(2)模板工程量:按模板与现浇混凝土构件的接触面积计算。

$S = (15.6 - 0.25 \times 4) \times (1.5 - 0.25) + [(3.0 - 0.25) \times (6 - 0.25) + (6.6 - 0.25 \times 2) \times (6 - 0.25)] + (9 - 0.25 \times 2) \times (12 - 0.25 \times 2) = 18.25 + 50.89 + 97.75 = 166.89 (\text{m}^2)$

(3)根据知识导入表 5-16,编制分部分项工程量清单,如表 5-18 所示。

表 5-18　分部分项工程量清单

序号	项目编码	项目名称	项目特征描述	计量单位	工程量
1	010505003001	平板	混凝土种类:泵送商品混凝土 混凝土强度等级:C30	m³	18.46

根据知识导入表 5-17 编制措施项目清单,如表 5-19 所示。

表 5-19　措施项目清单

序号	项目编码	项目名称	项目特征描述	计量单位	工程量
1	011702016001	平板模板	支撑高度:3.6 m	m²	166.89

**知识拓展**

现浇板混凝土工程量计算规则

工程量按设计图示尺寸以体积计算。

计算公式：$V = S \times h$

式中：S——板的净面积；h——板厚。

注意：1.与板整体浇捣的翻檐（净高 250 mm 以内的）并入板工程量计算；

2.柱的断面积超过 1 m² 时，板应扣除与柱重叠部分的工程量；

3.应扣除单孔面积大于 0.3 m² 的孔洞，孔洞侧边工程量另加；

4.不扣除单孔面积小于等于 0.3 m² 的孔洞，孔洞侧边也不增加。

任务练习

1.参照例题完成标高 7.150（10.750）、14.350、17.350 处板的清单工程量的计算，并填入表 5-20 中。

表 5-20　标高 7.150（10.750）、14.350、17.350 处板工程量的计算

序号	项目名称	计算过程	
1	平板	标高 7.150（10.750）	
		标高 14.350	
		标高 17.350	

2.根据知识导入表 5-16 编制分部分项工程量清单，如表 5-21 所示。

表 5-21　分部分项工程量清单

序号	项目编码	项目名称	项目特征描述	计量单位	工程量
1					

3.根据知识导入表 5-17 编制措施项目清单，如表 5-22 所示。

表 5-22　措施项目清单

序号	项目编码	项目名称	项目特征描述	计量单位	工程量
1					

任务 4 混凝土楼梯工程

 任务目标

1. 能够熟练识读楼梯详图。

2. 理解混凝土楼梯清单计算规则。

3. 掌握混凝土楼梯清单工程量计算。

 任务描述

依据××厂房工程,本任务需要完成混凝土楼梯和模板工程量的计算。

 知识导入

一、现浇混凝土楼梯

现浇混凝土楼梯参照《房屋建筑与装饰工程工程量计算规范》(GB 50854—2013)附录 E.3。现浇混凝土楼梯清单项目设置、项目特征描述、计量单位及工程量计算规则,应按表 5-23 的规定执行。

表 5-23 现浇混凝土楼梯(编号:010506)

项目编码	项目名称	项目特征	计量单位	工程量计算规则	工作内容
010506001	直形楼梯	1. 混凝土类别 2. 混凝土强度等级	1. m² 2. m³	1. 以平方米计量,按设计图示尺寸以水平投影面积计算。不扣除宽度≤500 mm 的楼梯井,伸入墙内部分不计算 2. 以立方米计量,按设计图示尺寸以体积计算	1. 模板及支架(撑)制作、安装、拆除、堆放、运输及清理模内杂物、刷隔离剂等 2. 混凝土制作、运输、浇筑、振捣、养护
010506002	弧形楼梯				

注:整体楼梯(包括直形楼梯和弧形楼梯)水平投影面积,包括休息平台、平台梁、斜梁和楼梯的连接梁。当整体楼梯与现浇楼板无梯梁连接时,以楼梯的最后一个踏步边缘加 300 mm 为界。

二、混凝土模板

混凝土模板工程参照《房屋建筑与装饰工程工程量计算规范》(GB 50854—2013)附录 S.2。混凝土楼梯的模板清单项目设置、项目特征描述、计量单位及工程量计算规则,应按表 5-24 的规定执行。

表 5-24　混凝土楼梯模板(编号:011702)

项目编码	项目名称	项目特征	计量单位	工程量计算规则	工作内容
011702024	楼梯	类型	m²	按楼梯(包括休息平台、平台梁、斜梁和楼层板的连接梁)的水平投影面积计算,不扣除宽度≤500 mm 的楼梯井所占面积,楼梯踏步、踏步板、平台梁等侧面模板不另计算,伸入墙内部分亦不增加	1. 模板制作 2. 模板安装、拆除、整理堆放及场内外运输 3. 清理模板黏结物及模内杂物、刷隔离剂等

任务实施

由附录 A 结构施工图 GS-07 可知,混凝土楼梯共有 4 层,为直形楼梯,混凝土强度等级为 C30。以一层为例,介绍混凝土楼梯工程量计算。

楼梯一层、二层结构平面图,如图 5-7 所示。清单工程量包括混凝土和模板清单工程量的计算。

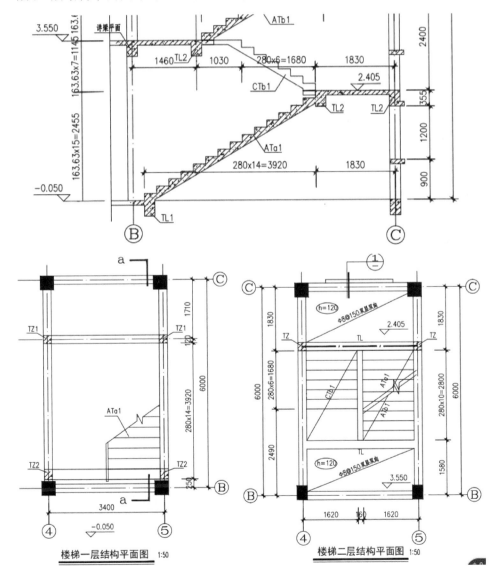

图 5-7　楼梯一层、二层结构平面图

(1)混凝土工程量：

S＝水平投影面积＝1.58×（3.92＋1.83－0.12＋1.83－0.12＋1.68＋0.3）＝14.73(m²)

(2)模板工程量：S＝水平投影面积(同混凝土工程量)S＝14.73(m²)

(3)根据知识导入表5-23编制分部分项工程量清单,如表5-25所示。

表5-25　分部分项工程量清单

序号	项目编码	项目名称	项目特征描述	计量单位	工程量
1	010506001001	直形楼梯	混凝土种类:泵送商品混凝土 混凝土强度等级:C30	m²	14.73

根据知识导入表5-24编制措施项目清单计算表,如表5-26所示。

表5-26　措施项目清单

序号	项目编码	项目名称	项目特征描述	计量单位	工程量
1	011702024001	楼梯模板	形状:直形	m²	14.73

 知识拓展

现浇楼梯混凝土工程量计算规则

现浇混凝土楼梯按设计图示尺寸以水平投影面积计算,单位 m²。

楼梯的水平投影面积,包括休息平台、平台梁、楼梯段、楼梯与楼面板连接的梁,无梁连接时,算至最上一级踏步沿加 30 cm 处。不扣除宽度小于 50 cm 的楼梯井,伸入墙内部分不另行计算,但与楼梯休息平台脱离的平台梁按梁或圈梁计算。

 任务练习

1.参照例题完成2～4层楼梯清单工程量的计算,并填入表5-27中。

表5-27　2～4层楼梯工程量的计算

序号	项目名称	计算过程
1	2～4层楼梯	

2.根据知识导入表5-23编制分部分项工程量清单,如表5-28所示。

表5-28　分部分项工程量清单

序号	项目编码	项目名称	项目特征描述	计量单位	工程量
1					

3.根据知识导入表 5-24 编制措施项目清单,如表 5-29 所示。

表 5-29 措施项目清单

序号	项目编码	项目名称	项目特征描述	计量单位	工程量
1					

项目六　砌筑工程

教学设计

本项目分2个教学任务,每个任务参照课程标准进行教学设计。根据工作过程完成计算基础工程量,参照《房屋建筑与装饰工程工程量计算规范》(GB 50854—2013)附录D。

项目概况

××厂房工程墙体采用Mu10烧结页岩多孔砖,M7.5混合砂浆砌筑。

任务1　墙体工程

任务目标

1.能够熟练识读平面图中的墙体部分。

2.理解砌筑工程中内墙、外墙、女儿墙等清单计算规则。

3.掌握砌筑工程中内墙、外墙、女儿墙等清单工程量计算。

任务描述

依据××厂房工程,本任务为内墙、外墙、女儿墙工程量的计算。

知识导入

砌筑工程参照《房屋建筑与装饰工程工程量计算规范》(GB 50854—2013)附录D.1。砌筑工程工程量清单项目设置、项目特征描述、计量单位及工程量计算规则,应按表6-1的规定执行。

表 6-1　砖砌体(编号:010401)

项目编码	项目名称	项目特征	计量单位	工程量计算规则	工作内容
010401003	实心砖墙	1.砖品种、规格、强度等级 2.墙体类型 3.砂浆强度等级、配合比	m³	按设计图示尺寸以体积计算 扣除门窗洞口、过人洞、空圈、嵌入墙内的钢筋混凝土柱、梁、圈梁、挑梁、过梁及凹进墙内的壁龛、管槽、暖气槽、消火栓箱所占体积,不扣除梁头、板头、檩头、垫木、木楞头、沿缘木、木砖、门窗走头、砖墙内加固钢筋、木筋、铁件、钢管及单个面积≤0.3 m²的孔洞所占的体积。凸出墙面的腰线、挑檐、压顶、窗台线、虎头砖、门窗套的体积亦不增加。凸出墙面的砖垛并入墙体体积计算 1.墙长度:外墙按中心线、内墙按净长计算 2.墙高度:(1)外墙:斜(坡)屋面无檐口天棚者算至屋面板底;有屋架且室内外均有天棚者算至屋架下弦底另加200 mm;无天棚者算至屋架下弦底另加300 mm,出檐宽度超600 mm时按实砌高度计算;与钢筋混凝土楼板隔层者算至板顶。平屋顶算至钢筋混凝土板底 (2)内墙:位于屋架下弦者,算至屋架下弦底;无屋架者算至天棚底另加100 mm;有钢筋混凝土楼板隔层者算至楼板顶;有框架梁时算至梁底 (3)女儿墙:从屋面板上表面算至女儿墙顶面(如有混凝土压顶时算至压顶下表面) (4)内、外山墙:按其平均高度计算 3.框架间墙:不分内外墙按墙体净尺寸以体积计算 4.围墙:高度算至压顶上表面(如有混凝土压顶时算至压顶下表面),围墙柱并入围墙体积	1.砂浆制作、运输 2.砌砖 3.刮缝 4.砖压顶砌筑 5.材料运输
010401004	多孔砖墙				

注:①"砖基础"项目适用于各种类型砖基础:柱基础、墙基础、管道基础等。
　　②基础与墙(柱)身使用同一种材料时,以设计室内地面为界(有地下室者,以地下室室内设计地面为界),以下为基础,以上为墙(柱)身。基础与墙身使用不同材料时,位于设计室内地面高度≤±300 mm时,以不同材料为分界线,高度>±300 mm时,以设计室内地面为分界线。

 **任务实施**

一、按照附录 D 计算外墙砌体工程量

(1)墙体计算公式:$V =$(墙长×墙高$-S_{门窗洞口}$)×墙厚$-V_{应扣体积}+V_{应增体积}$。

(2)据平面图和门窗信息表得出门窗扣减信息,详见项目三表3-8。

应扣一层外墙门窗洞口面积为 39.45 m²。

(3)柱和墙体扣减关系(如柱 350×400,墙厚 240,外边对齐):

L 型应扣体积:$V_{L型}=(0.35×0.4-0.16×0.11)×H$。

一字型应扣体积：$V_{一字型} = 0.24 \times 0.35 \times H$。

T字型应扣体积：$V_{T字型} = (0.24 \times 0.35 + 0.16 \times 0.24) \times H$。

根据一层平面图和基础层~标高14.350处柱平面图,完成一层外墙部分应扣体积的计算,如表6-2所示。

表6-2 混凝土结构(柱)工程量的计算　　　　　　　　　　　　　　单位:m³

| 构件 | 类型 | 计算表达式 | 4—7 | 4—156 | | |
			柱混凝土	柱模板	应扣砌体	柱抹灰
1/A轴 KZ2	L型 4个	$V = (0.35 \times 0.4 - 0.16 \times 0.11) \times 3.6 = 0.44$ $\sum V = 0.44 \times 4 = 1.76$			1.76	
KZ2	边柱一字型 6个	$V = 0.24 \times 0.35 \times 3.6 = 0.30$ $\sum V = 0.30 \times 6 = 1.80$			1.80	
KZ3	边柱一字型 1个	$V = 0.24 \times 0.4 \times 3.6 = 0.35$			0.35	
小计					3.91	

(1)梁和墙体扣减关系(如柱250×400,墙厚240,轴对称):根据一层平面图和标高3.550处梁平法施工图完成一层外墙部分应扣体积的计算,如表6-3所示。1KL6(3),如图6-1所示。

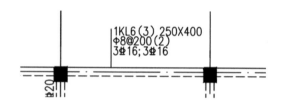

图6-1　1KL6(3)

表6-3 梁扣减体积的计算　　　　　　　　　　　　　　单位:m³

| 构件 | 计算表达式 | 4—11 | 4—165 | |
		梁混凝土	梁模板	应扣砌体
KL6	$V = 0.24 \times 0.4 \times (15.5 - 0.225 \times 2 - 0.35 \times 3)$			1.34
KL4	$V = 0.24 \times 0.4 \times (4.45 \times 2 - 0.225 - 0.35 - 0.2) +$ $0.24 \times 0.65 \times (6.6 - 0.2 - 0.225)$			1.74
KL1	$V = 0.24 \times 0.55 \times (6.15 + 5.85 - 0.275 \times 2 - 0.35)$			1.47
小计				4.55

(2)完成计算外墙工程量,如表6-4所示。

表6-4 外墙工程量的计算

名称	计算规则	工程量
墙长	外墙按中心线长度计算,内墙按净长线计算,附加砖垛按折加长度合并计算	$(12 + 15.6) \times 2 = 55.2$(m)
墙高	统一按层高计算(坡屋顶按平均高度计算)	$7.2 - 3.6 = 3.6$(m)
墙厚	按设计规定计算,如标准砖墙一砖按240 mm	0.24 m

名称	计算规则	工程量
$S_{门窗洞口}$	包括每个面积在 0.3 m² 以上的孔洞	39.45 m²
$V_{应扣体积}$	钢筋砼梁、板、柱等平行嵌入时所占的体积	3.91＋4.55＝8.46(m³)
墙体工程量	V＝(墙长×墙高—$S_{门窗洞口}$)×墙厚—$V_{应扣构件所占体积}$	V＝(55.2×3.6—39.45)× 0.24—8.46＝29.76(m³)

根据知识导入编制分部分项工程量清单,如表 6-5 所示。

表 6-5　分部分项工程量清单

序号	项目编码	项目名称	项目特征描述	计量单位	工程量
1	010401004001	实心砖墙	1.墙体采用 Mu10 烧结页岩多孔砖 2.外墙 3.M 7.5 混合砂浆砌筑	m³	29.76

二、按照附录 D 计算女儿墙砌体工程量

女儿墙工程量计算,如表 6-6 所示。

表 6-6　女儿墙工程量的计算

名称	计算规则	工程量
墙长	外墙按中心线长度计算,内墙按净长线计算,附加砖垛按折加长度合并计算	(12＋15.6)×2—3.4—8—0.12×2＝43.56(m)
墙高	统一按层高计算(坡屋顶按平均高度计算)	1.2 m
墙厚	按设计规定计算,如标准砖墙一砖按 240 mm	0.24 m
$S_{门窗洞口}$	包括每个面积在 0.3 m² 以上的孔洞	无
$V_{应扣体积}$	钢筋砼梁、板、柱等平行嵌入时所占的体积	0.18×55.2×0.24＝2.38(m³)
墙体工程量	V＝(墙长×墙高—$S_{门窗洞口}$)墙厚—$V_{应扣构件所占体积}$	43.56×1.2×0.24—2.38＝10.17(m³)

根据知识导入编制分部分项工程量清单,如表 6-7 所示。

表 6-7　分部分项工程量清单

序号	项目编码	项目名称	项目特征描述	计量单位	工程量
1	010401004002	实心砖墙	1.墙体采用 Mu 10 烧结页岩多孔砖 2.外墙 3.M7.5 混合砂浆砌筑	m³	10.17

 知识拓展

运用统筹法计算,简化后工程量计算规则

V＝(墙长×墙高—$S_{门窗洞口}$)墙厚—$V_{应扣构件所占体积}$

A.墙长:外墙按中心线长度计算,内墙按净长线计算,附加砖垛按折加长度合并计算;

B.墙高:统一按层高计算,坡屋面按平均高度计算;

C.$S_{门窗洞口}$:包括每个面积在 0.3 m^2 以上的孔洞;

 任务练习

1.参照例题完成图 6-2 外墙工程量计算,并填入表 6-8 中。

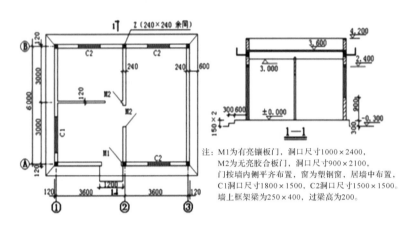

注:M1为有亮镶板门,洞口尺寸1000×2400,
M2为无亮胶合板门,洞口尺寸900×2100,
门按墙内侧平齐布置,窗为塑钢窗,居墙中布置,
C1洞口尺寸1800×1500,C2洞口尺寸1500×1500。
墙上框架梁为250×400,过梁高为200。

图 6-2 外墙工程

表 6-8 外墙清单工程量的计算

名称	计算式	工程量	单位
墙长			
墙高			
墙厚			
$S_{门窗洞口}$			
$V_{应扣体积}$			
墙体工程量			

2.根据知识导入编制分部分项工程量清单,如表 6-9 所示。

表 6-9 分部分项工程量清单

序号	项目编码	项目名称	项目特征描述	计量单位	工程量
1					

任务 2 墙体装饰部分计算

 任务目标

1. 能够熟练识读墙体装饰部分内容。
2. 理解墙体抹灰、乳胶漆清单计算规则。
3. 掌握墙体抹灰、乳胶漆清单工程量的计算。

 任务描述

依据××厂房工程,本任务需要完成墙体装饰部分工程量的计算。

 知识导入

墙面抹灰工程参照《房屋建筑与装饰工程工程量计算规范》(GB 50854—2013)附录 L.1 和附录 P.7。墙面抹灰工程清单项目设置、项目特征描述、计量单位及工程量计算规则,应按表 6-10 的规定执行;喷刷涂料工程清单项目设置、项目特征描述、计量单位及工程量计算规则,应按表 6-11 的规定执行。

表 6-10 墙面抹灰(编号:011201)

项目编码	项目名称	项目特征	计量单位	工程量计算规则	工作内容
011201001	墙面一般抹灰	1.墙体类型 2.底层厚度、砂浆配合比 3.面层厚度、砂浆配合比 4.装饰面材料种类 5.分格缝宽度、材料种类	m²	按设计图示尺寸以面积计算。扣除墙裙、门窗洞口及单个>0.3 m²的孔洞面积,不扣除踢脚线、挂镜线和墙与构件交接处的面积,门窗洞口和孔洞的侧壁及顶面不增加面积。附墙柱、梁、垛、烟囱侧壁并入相应的墙面面积。 1.外墙抹灰面积按外墙垂直投影面积计算 2.外墙裙抹灰面积按其长度乘以高度计算 3.内墙抹灰面积按主墙间的净长乘以高度计算 (1)无墙裙的,高度按室内楼地面至天棚底面计算 (2)有墙裙的,高度按墙裙顶至天棚底面计算 4.内墙裙抹灰面按内墙净长乘以高度计算	1.基层清理 2.砂浆制作、运输 3.底层抹灰 4.抹面层 5.抹装饰面 6.勾分格缝
011201002	墙面装饰抹灰				
011201003	墙面勾缝	1.墙体类型 2.找平的砂浆厚度、配合比			1.基层清理 2.砂浆制作、运输 3.抹灰找平

注:①立面砂浆找平项目适用于仅做找平层的立面抹灰。
   ②抹石灰砂浆、水泥砂浆、混合砂浆、聚合物水泥砂浆、麻刀石灰浆、石膏灰浆等按墙面一般抹灰列项,水刷石、斩假石、干黏石、假面砖等按墙面装饰抹灰列项。
   ③飘窗凸出外墙面增加的抹灰不计算工程量,在综合单价中考虑。

表 6-11　喷刷涂料(编号:011407)

项目编码	项目名称	项目特征	计量单位	工程量计算规则	工作内容
011407001	墙面喷刷涂料	1. 基层类型 2. 喷刷涂料部位 3. 腻子种类 4. 刮腻子要求 5. 涂料品种、喷刷遍数	m²	按设计图示尺寸以面积计算	1. 基层清理 2. 刮腻子 3. 刷、喷涂料
011407002	天棚喷刷涂料				
011407003	空花格、栏杆刷涂料	1. 腻子种类 2. 刮腻子遍数 3. 涂料品种、刷喷遍数	m²	按设计图示尺寸,以单面外围面积计算	1. 基层清理 2. 刮腻子 3. 刷、喷涂料
011407004	线条刷涂料	1. 基层清理 2. 线条宽度 3. 刮腻子遍数 4. 刷防护材料、油漆	m	按设计图示尺寸以长度计算	
011407005	金属构件刷防火涂料	1. 喷刷防火涂料构件名称 2. 防火等级要求 3. 涂料品种、喷刷遍数	1. m² 2. t	1. 以 t 计量,按设计图示尺寸以质量计算 2. 以 m² 计量,按设计展开面积计算	1. 基层清理 2. 刷防护材料、油漆
011407006	木材构件喷刷防火涂料		1. m² 2. m³	1. 以 m² 计量,按设计图示尺寸以面积计算 2. 以 m³ 计量,按设计结构尺寸以体积计算	1. 基层清理 2. 刷防火材料

注:喷刷墙面涂料部位要注明内墙或外墙。

 任务实施

1. 根据图纸信息已知外墙装饰内容如下,完成一层外墙装饰工程量计算

(1)涂料墙面:喷涂外墙涂料,6 厚 1:2 水泥砂浆面(内掺 5% 防水剂),14 厚 1:3 水泥砂浆底。

(2)勒脚:做 500 高勒脚,14 厚 1:3 水泥砂浆底,10 厚 1:1.5 水泥砂浆粉刷墙面。

2. 按照附录 L.1,计算外墙砌体装饰工程量

(1)墙体装饰计算公式:S=墙长×墙高−S_门窗洞口。

(2)据平面图和门窗信息表得出门窗扣减信息,如表 3-12 所示结果所示为 39.45 m²。

(3)完成计算一层外墙装饰工程量,外墙喷刷涂料还需增加门窗洞口侧边面积,具体如表 6-12 所示。

侧边面积:$S_{侧边}=\{3×3+(2.4+1.8)×2×4+(1.8+1.8)×2+1.8+0.6×2+(1.2+3.05)×2×2+(1.8+0.85)×2\}×0.07=5.26(m^2)$

表 6-12　外墙装饰工程量的计算

名称	计算规则	工程量
墙长	外墙按外边线长度计算,内墙按净长线计算,附墙柱、梁、垛、烟囱侧壁并入相应的墙面面积	$(12.24+15.84)\times 2=56.16(m)$
墙高	统一按层高计算(坡屋顶按平均高度计算)	3.60 m
$S_{门窗洞口}$	包括每个面积在 0.3 m^2 以上的孔洞	39.45 m^2
$S_{应加面积}$	附墙柱、梁、垛、烟囱侧壁应加墙面面积内	无
外墙一般装饰工程量	S＝墙长×墙高－$S_{门窗洞口}$	$56.16\times 3.6-39.45=162.73(m^2)$
外墙喷刷涂料	S＝墙长×墙高－$S_{门窗洞口}$＋$S_{侧边}$	$162.73+5.26=167.99(m^2)$

3. 根据知识导入编制分部分项工程量清单

分部分项工程量清单,如表 6-13 所示。

表 6-13　分部分项工程量清单

序号	项目编码	项目名称	项目特征描述	计量单位	工程量
1	011201001001	墙面一般抹灰	外墙;6 厚 1:2 水泥砂浆面 14 厚 1:3 水泥砂浆底	m^2	162.73
2	011407001001	墙面喷刷涂料	喷涂外墙涂料 3 遍(无腻子)	m^2	167.99

 **知识拓展**

运用统筹法计算,简化后工程量计算规则

S＝墙长×墙高－$S_{门窗洞口}$＋$S_{侧边}$

墙体一般抹灰工程量计算规则如下:

S＝$_{墙长}$×墙高－$S_{门窗洞口}$

 **任务练习**

参照例题完成图 6-2 外墙工程量计算,并填入表 6-14 中。

表 6-14　外墙装饰工程量的计算

名称	计算式	工程量	单位
墙长			
墙高			
$S_{门窗洞口}$			
$S_{应加面积}$			
外墙装饰工程量			

根据知识导入编制分部分项工程量清单,如表 6-15 所示。

表 6-15　分部分项工程量清单

序号	项目编码	项目名称	项目特征描述	计量单位	工程量
1					

项目七　墙柱面工程

 教学设计

本项目仅1个教学任务,任务参照课程标准进行教学设计。根据工作过程完成计算基础工程量,参照《房屋建筑与装饰工程工程量计算规范》(GB 50854—2013)附录 A、附录 E 和附录 S。

 项目概况

××厂房建筑物共有5层,墙柱面工程的计算类型主要有普通内墙面、外墙涂料饰面等几种。具体做法如下:

1.普通内墙面做法:20厚1∶1∶6混合砂浆底,白色乳胶漆。

2.普通外墙饰面做法。

涂料墙面:喷涂外墙涂料,6厚1∶2水泥砂浆面(内掺5％防水剂),14厚1∶3水泥砂浆底。

勒脚:500高勒脚,10厚1∶1.5水泥砂浆,14厚1∶3水泥砂浆。

墙柱面工程

 任务目标

1.能够熟练识读墙柱平、立面图和构造做法。

2.理解墙柱面清单计算规则。

3.掌握墙柱面清单工程量的计算。

 任务描述

依据××厂房工程,本任务需要完成墙面抹灰、柱面抹灰工程量的计算。

 **知识导入**

一、墙面抹灰

墙面抹灰工程参照《房屋建筑与装饰工程工程量计算规范》(GB 50854—2013)附录 M.1。墙面抹灰工程量清单项目设置、项目特征描述的内容、计量单位、工程量计算规则,应按表 6-10 的规定执行。

二、柱(梁)面抹灰

柱(梁)面抹灰工程参照《房屋建筑与装饰工程工程量计算规范》(GB 50854—2013)附录 M.1。墙柱面工程中的柱(梁)面抹灰工程量清单项目的设置、项目特征描述的内容、计量单位、工程量计算规则应按表 7-1 执行。

表 7-1 柱(梁)面抹灰(编码:011202)

项目编码	项目名称	项目特征	计量单位	工程量计算规则	工作内容
011202001	柱、梁面一般抹灰	1. 柱体类型 2. 底层厚度、砂浆配合比 3. 面层厚度、砂浆配合比 4. 装饰面材料种类 5. 分格缝宽度、材料种类	m²	1. 柱面抹灰:按设计图示柱断面周长乘高度,以面积计算 2. 梁面抹灰:按设计图示梁断面周长乘长度,以面积计算	1. 基层清理 2. 砂浆制作、运输 3. 底层抹灰 4. 抹面层 5. 勾分格缝
011202002	柱、梁面装饰抹灰				
011202003	柱、梁面砂浆找平	1. 柱体类型 2. 找平的砂浆厚度、配合比			1. 基层清理 2. 砂浆制作、运输 3. 抹灰找平
011202004	柱、梁面勾缝	1. 墙体类型 2. 勾缝类型 3. 勾缝材料种类		按设计图示柱断面周长乘高度,以面积计算	1. 基层清理 2. 砂浆制作、运输 3. 勾缝

注:①砂浆找平项目适用于仅做找平层的柱(梁)面抹灰。
②抹石灰砂浆、水泥砂浆、混合砂浆、聚合物水泥砂浆、麻万灰浆、石膏灰浆等按柱(梁)面一般抹灰编码列项,水刷石、斩假石、平黏石、假面砖等按柱(梁)面装饰抹灰编码列项。

 任务实施

按照附录 A 建筑施工图 JS-02,JS-03,JS-04 可知,内墙为涂料,窗台处凸出的位置为不锈钢护栏不计入墙柱面工程量。外墙为涂料饰面,需加入线条涂料。以①轴墙面为例,介绍内墙柱面工程量计算;以东立面一层外墙为例,介绍外墙饰面工程计算。

1. 内墙以①轴外墙内面为例,如图 7-1 所示,工程量如下。

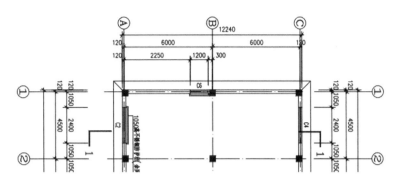

图 7-1 轴①平面图

基层墙体清理后 3 厚外加剂专用砂浆抹面:

$S_{内墙1} = (12-0.24) \times (3.6-0.12) - 1.2 \times 3.05 = 37.26(m^2)$

2. 计算独立柱,工程量如下。

$S_{柱} = (0.4-0.24) \times 2 \times (3.6-0.12) = 0.56(m^2)$

3. 内墙面白色乳胶漆,工程量如下。

$S_{内墙2} = 37.26 + 窗侧面(1.2+3.05) \times 2 \times 0.12 + 0.56 = 38.84(m^2)$

图 7-2 东立面图

4. 外墙以轴⑤~①立面图一层为例,如图 7-2 所示。工程量如下。

勒脚工程量:

$S_{勒} = 15.84 \times 0.45 = 7.13(m^2)$

外墙工程量:

$S_{外墙} = 15.84 \times 3.6 - (2.4 \times 1.8 \times 2 + 1.8 \times 1.8 + 1.8 \times 0.85 + 1.8 \times 0.6 \times 1/3) = 43.25(m^2)$

外窗四周侧面:

$S_{窗侧面} = \{(2.4+1.8) \times 2 + (1.8+1.8) \times 2 + (1.8+0.85) \times 2 + (1.8+0.6 \times 1/3 \times 2)\} \times 0.12 = 2.77(m^2)$

抹灰面油漆工程量:

$S = 43.25 + 2.77 = 46.02(m^2)$

根据知识导入表 6-10、表 7-1 编制分部分项工程量清单,如表 7-2 所示。

表7-2 分部分项工程量清单

序号	项目编码	项目名称	项目特征描述	计量单位	工程量
1	011201001002	墙面一般抹灰	内墙;20厚1:1:6混合砂浆底	m²	37.26
2	011202001001	柱、梁面一般抹灰	混凝土柱 20厚1:1:6混合砂浆底	m²	5.57
3	011407001002	抹灰面油漆	一般抹灰面 白色乳胶漆(内墙)	m²	38.84
4	011201001003	墙面一般抹灰	外墙 6厚1:2水泥砂浆面(内掺5%防水剂),14厚1:3水泥砂浆底	m²	43.25
5	011201001004	墙面一般抹灰	外墙500高勒脚 14厚1:3水泥砂浆 10厚1:1.5水泥砂浆	m²	7.13
6	011407001003	抹灰面油漆	一般抹灰面 白色乳胶漆(外墙)	m²	46.02

 任务练习

1. 参照例题完成图 7-3 ⑤轴墙柱面工程的清单工程量的计算,并填入表 7-3 中。

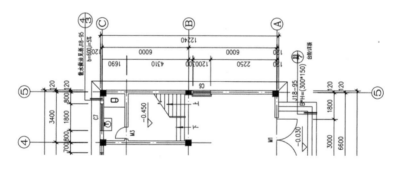

图 7-3 ⑤轴墙柱面平面图

表 7-3 ⑤轴墙柱面工程量的计算

序号	项目名称	计算过程
1	内墙	
2	柱	
3	外墙	

2. 根据知识导入表 7-1、表 7-2 编制分部分项工程量清单,如表 7-4 所示。

表 7-4 分部分项工程量清单

序号	项目编码	项目名称	项目特征描述	计量单位	工程量
1					
2					

68

项目八 楼地面工程

教学设计

本项目仅1个教学任务,任务参照课程标准进行教学设计。根据工作过程完成计算基础工程量,参照《房屋建筑与装饰工程工程量计算规范》(GB 50854—2013)附录 K、附录 N、附录 L 和附录 M。

项目概况

××厂房工程楼地面工程具体做法见 JS-01,分为地面做法和楼面做法。地面:100 厚 C15 素混凝土随捣随抹,15 厚卵石垫层,素土夯实。楼面:水泥砂浆面层 15 厚 1∶2.5,水泥砂浆抹平 30 厚细石混凝土。卫生间楼面:防滑面砖 107 胶黏结擦缝,C20 细石混凝土找坡,防水涂料一层。

楼地面工程

任务目标

1.能够熟练识读楼地面平面图和建筑设计总说明图。

2.理解楼地面面层、楼梯面层清单计算规则。

3.掌握楼地面面层、楼梯面层清单工程量的计算。

任务描述

依据××厂房工程,本任务需要完成楼地面和楼梯工程量的计算。

知识导入

一、楼地面面层工程

楼地面面层工程参照《房屋建筑与装饰工程工程量计算规范》(GB 50854—2013)附录 L.1。"整体面层及找平层"工程量清单项目设置、项目特征描述、计量单位及工程量计算规则,应按表 8-1 垫层、

表 8-2 整体面层、表 8-3 块料面层、表 8-4 楼地面防水层的规定执行。

表 8-1　垫层（编号：010404）

项目编码	项目名称	项目特征	计量单位	工程量计算规则	工作内容
010404001	垫层	1.垫层材料种类、配合比、厚度	m³	按设计图示尺寸以立方米计算	1.垫层材料的拌制 2.垫层铺设 3.材料运输

注：除混凝土垫层应按附录 E 中相关项目编码列项外，没有包括垫层要求的清单项目应按本表垫层项目编码列项。

表 8-2　整体面层（编号：011101）

项目编码	项目名称	项目特征	计量单位	工程量计算规则	工作内容
011101001	水泥砂浆楼地面	1.垫层材料种类、厚度 2.找平层厚度、砂浆配合比 3.素水泥浆遍数 4.面层厚度、砂浆配合比 5.面层做法要求	m²	按设计图示尺寸以面积计算。扣除凸出地面构筑物、设备基础、室内管道、地沟等所占面积，不扣除间壁墙及≤0.3 m²柱、垛、附墙烟囱及孔洞所占面积。门洞、空圈、暖气包槽、壁龛的开口部分不增加面积	1.基层清理 2.垫层铺设 3.抹找平层 4.抹面层 5.材料运输
011101002	现浇水磨石楼地面	1.垫层材料种类、厚度 2.找平层厚度、砂浆配合比 3.面层厚度、水泥石子浆配合比 4.嵌条材料种类、规格 5.石子种类、规格、颜色 6.颜料种类、颜色 7.图案要求 8.磨光、酸洗、打蜡要求			1.基层清理 2.垫层铺设 3.抹找平层 4.面层铺设 5.嵌缝条安装 6.磨光、酸洗打蜡 7.材料运输
011101003	细石混凝土楼地面	1.垫层材料种类、厚度 2.找平层厚度、砂浆配合比 3.面层厚度、混凝土强度等级			1.基层清理 2.垫层铺设 3.抹找平层 4.面层铺设 5.材料运输

表 8-3　块料面层（编号：011102）

项目编码	项目名称	项目特征	计量单位	工程量计算规则	工作内容
011102001	石材楼地面	1.找平层厚度、砂浆配合比 2.结合层厚度、砂浆配合比 3.面层材料品种、规格、颜色 4.嵌缝材料种类 5.防护层材料种类 6.酸洗、打蜡要求	m²	按设计图示尺寸以面积计算。门洞、空圈、暖气包槽、壁龛的开口部分并入相应的工程量	1.基层清理、抹找平层 2.面层铺设、磨边 3.嵌缝 4.刷防护材料 5.酸洗、打蜡 6.材料运输
011102002	碎石材楼地面				
011102003	块料楼地面	1.垫层材料种类、厚度 2.找平层厚度、砂浆配合比 3.结合层厚度、砂浆配合比 4.面层材料品种、规格、颜色 5.嵌缝材料种类 6.防护层材料种类 7.酸洗、打蜡要求			

注：①在描述碎石材项目的面层材料特征时可不用描述规格、品牌、颜色。
　　②石材、块料与黏结材料的结合面刷防渗材料的种类在防护层材料种类中描述。
　　③表 8-3 工作内容中的磨边指施工现场磨边，后面章节工作内容中涉及的磨边含义同此条。

表 8-4　楼地面防水层（编号:010904）

项目编码	项目名称	项目特征	计量单位	工程量计算规则	工作内容
010904001	楼(地)面卷材防水	1.卷材品种、规格、厚度 2.防水层数 3.防水层做法	m²	按设计图示尺寸以面积计算 1.楼(地)面防水:按主墙间净空面积计算,扣除凸出地面的构筑物、设备基础等所占面积,不扣除间壁墙及单个面积≤0.3 m²柱、垛、烟囱和孔洞所占面积 2.楼(地)面防水反边高度≤300 m算作地面防水,反边高度>300 mm算作墙面防水	1.基层处理 2.刷黏结剂 3.铺防水卷材 4.接缝、嵌缝
010904002	楼(地)面涂膜防水	1.防水膜品种 2.涂膜厚度、遍数 3.增强材料种类			1.基层处理 2.刷基层处理剂 3.铺布、喷涂防水层
010904003	楼(地)面砂浆防水(防潮)	1.防水层做法 2.砂浆厚度、配合比			1.基层处理 2.砂浆制作、运输、摊铺、养护
010904004	楼(地)面变形缝	1.嵌缝材料种类 2.止水带材料种类 3.盖缝材料 4.防护材料种类	m	按设计图示以长度计算	1.清缝 2.填塞防水材料 3.止水带安装 4.盖缝制作、安装 5.刷防护材料

注:①楼(地)面防水找平层按本规范附录 L 楼地面装饰工程"平面砂浆找平层"项目编码列项
　②楼(地)面防水搭接及附加层用量不另行计算,在综合单价中考虑。

二、楼梯面层

楼梯面层工程参照《房屋建筑与装饰工程工程量计算规范》(GB 50854—2013)附录 L.6(附录 K)。楼梯面层清单项目设置、项目特征描述、计量单位及工程量计算规则,应按表 8-5 的规定执行。

表 8-5　楼梯面层（编号:011106）

项目编码	项目名称	项目特征	计量单位	工程量计算规则	工作内容
011106001	石材楼梯面层	1.找平层厚度、砂浆配合比 2.贴结层厚度、材料种类 3.面层材料品种、规格、颜色 4.防滑条材料种类、规格 5.勾缝材料种类 6.防护层材料种类 7.酸洗、打蜡要求	m²	按设计图示尺寸以楼梯(包括踏步、休息平台及≤500 mm 的楼梯井)水平投影面积计算。楼梯与楼地面相连时,算至梯口梁内侧边沿;无梯口梁者,算至最上一层踏步边沿加 300 mm	1.基层清理 2.抹找平层 3.面层铺设、磨边 4.贴嵌防滑条 5.勾缝 6.刷防护材料 7.酸洗、打蜡 8.材料运输
011106002	块料楼梯面层				
011106003	拼碎块料面层				
011106004	水泥砂浆楼梯面层	1.找平层厚度、砂浆配合比 2.面层厚度、砂浆配合比 3.防滑条材料种类、规格			

任务实施

按照附录 A 结构施工图 JS-01 可知,一层楼面做法:水泥砂浆面层和卫生间块料面层。

以一层楼地面为例,介绍水泥砂浆面层和块料楼地面工程量计算。一层楼面,如图 8-1 所示。清单工程量,按设计尺寸以面积计算。

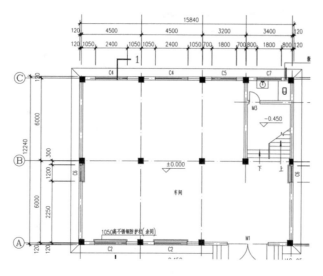

图 8-1 一层平面图

1.一层楼面面积(除卫生间和楼梯外)

$S_{楼面}=(15.6-0.24)\times(6-0.12)+(12-0.24)\times(6-0.12)=159.47(m^2)$。

垫层体积(包括卫生间和楼梯):$V=(15.6-0.24)\times(12-0.24)\times0.15=27.09(m^3)$。

2.卫生间楼面做法

防滑面砖纯水泥浆 107 胶黏结擦缝,C20 细石混凝土找坡层,防水涂料一层。

一层卫生间地面,如图 8-2 所示。清单工程量,按设计尺寸以面积计算。

(1)一层卫生间面积:由图已知开间 3400 mm,进深 1690 mm,代入下式。

$S_{卫}=(3.4-0.24)\times(1.69-0.24)=4.58(m^2)$

(2)卫生间上翻面积:

$S_{上翻}=(3.16+1.45)\times2\times0.25=2.31(m^2)$

(3)卫生间楼地面涂膜防水:$S=4.58+2.31=6.89(m^2)$。

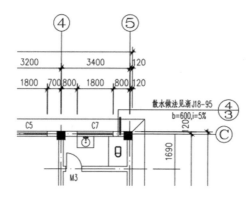

图 8-2 一层卫生间地面

3.楼梯面层面积

根据楼梯一层平面图,如图 8-3 所示,楼梯面层面积:

S=(3.4-0.24)×3.92=12.39(m²)

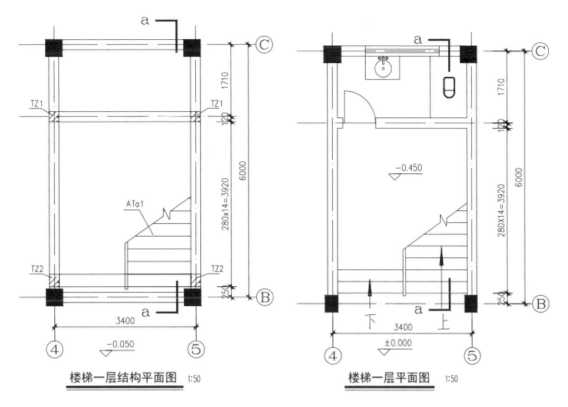

图 8-3 楼梯一层平面图

根据知识导入表 8-1—表 8-5 编制分部分项工程量清单,如表 8-6 所示。

表 8-6 分部分项工程量清单

序号	项目编码	项目名称	项目特征描述	计量单位	工程量
1	010404001001	垫层	垫层种类:卵石垫层 厚度:150	m³	27.09
2	011101001001	水泥砂浆楼地面	面层厚度:15 砂浆配合比:1:2.5 找平层厚度:30 砂浆配合比:C20 细石混凝土	m²	159.47
3	011102003001	卫生间楼地面块料面层	面层材料:防滑面砖 找坡层:C20 细石混凝土 嵌缝材料:107 胶黏结	m²	4.58
4	010904002001	卫生间楼地面涂膜防水	涂膜厚度、遍数:防水涂料一遍 翻边高度:≤300 mm	m²	6.89
5	011106004001	水泥砂浆楼梯面层	找平层厚度:30 厚 C20 细石混凝土 面层厚度、砂浆配比:15 厚 1:2.5 水泥砂浆	m²	12.39

任务练习

1. 参照例题完成标准层 2~4 层楼面和楼梯面层(如图 8-4 所示)的清单工程量的计算,并填入表 8-7 中。

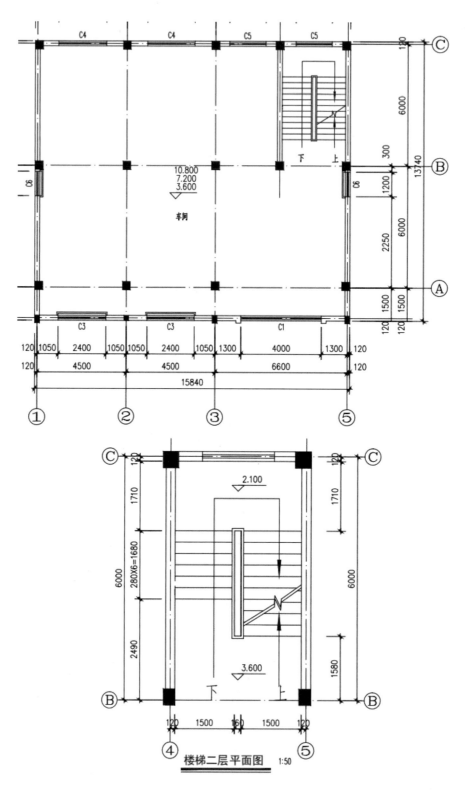

图 8-4 标准层平面图和楼梯二层平面图

表 8-7 标准层楼面工程量的计算

序号	项目名称	计算过程
1	2 层楼面	
2	2 层卫生间楼面	
3	2 层楼梯面层	
4	3 层楼面	
5	3 层卫生间楼面	
6	3 层楼梯面层	
7	4 层楼面	
8	4 层卫生间楼面	
9	4 层楼梯面层	

2.根据知识导入表 8-1～表 8-5 编制分部分项工程量清单,如表 8-8 所示。

表 8-8 分部分项工程量清单

序号	项目编码	项目名称	项目特征描述	计量单位	工程量
1					
2					
3					

项目九　天棚工程

教学设计

本项目仅 1 个教学任务,任务参照课程标准进行教学设计。根据工作过程完成计算基础工程量,参照《房屋建筑与装饰工程工程量计算规范》(GB 50854—2013)附录 A、附录 E 和附录 S。

项目概况

××厂房建筑物共有 5 层,天棚工程做法:基层处理 1∶1∶6 混合砂浆抹灰,满刮水性腻子,涂料饰面二度。

天棚工程

任务目标

1.能够熟练识读天棚平面图、梁详图、楼梯详图。

2.理解天棚工程清单计算规则。

3.掌握天棚工程清单工程量的计算。

任务描述

依据××厂房工程,本任务需要完成天棚抹灰、梁侧抹灰、楼梯抹灰工程量的计算。

知识导入

一、天棚抹灰

天棚抹灰工程量清单项目的设置、项目特征描述的内容、计量单位、工程量计算规则应按表 9-1 执行。

表 9-1　天棚抹灰(编码:011301)

项目编码	项目名称	项目特征	计量单位	工程量计算规则	工作内容
011301001	天棚抹灰	1.基层类型 2.抹灰厚度、材料种类 3.砂浆配合比	m²	按设计图示尺寸以水平投影面积计算。不扣除间壁墙、垛、柱、附墙烟囱、检查口和管道所占的面积,带梁天棚、梁两侧抹灰面积并入天棚面积,板式楼梯底面抹灰按斜面积计算,锯齿形楼梯底板抹灰按展开面积计算	1.基层清理 2.底层抹灰 3.抹面层

天棚吊顶,所有吊顶面积均按设计图示尺寸水平投影面积计算。跌级、锯齿形、吊挂式、藻井式天棚面积不展开计算。不扣除间壁墙、检查口、附墙烟囱、柱垛和管道所占面积,扣除单个>0.3 m² 的孔洞、独立柱及与天棚相连的窗帘盒所占的面积。天棚抹灰公式为:

天棚吊顶面积=房间净长×房间净宽-单个 0.3 m² 以上的孔洞面积-独立柱面积-窗帘盒面积

二、天棚采光

按框外围展开面积计算。

三、天棚其他装饰

灯带按设计图示尺寸以框外围面积计算;送风口、回风口,按设计图示数量计算。

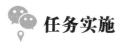 **任务实施**

按照附录 A 结构施工图 GS-05 可知,标准层楼板板厚有 90 mm、100 mm、120 mm 等规格,结合梁尺寸大小以及板厚进行工程量清单计算。如图 9-1 所示。

天棚抹灰清单工程量,包括天棚净面积、梁两侧抹灰、楼梯底板抹灰清单工程量的计算。

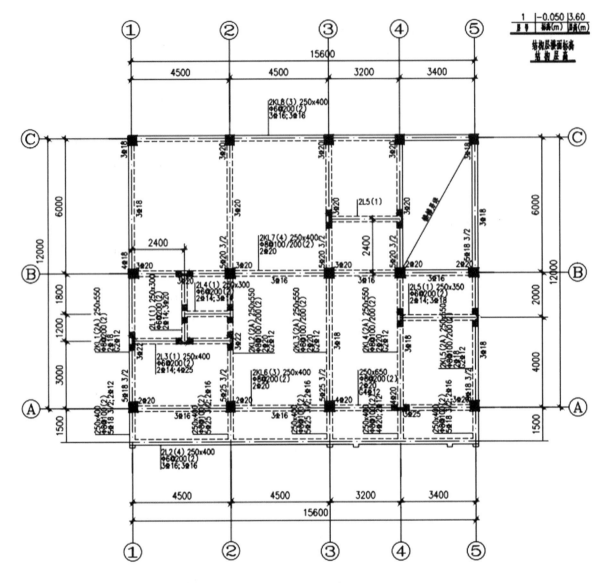

图 9-1　标准层梁施工图

1.计算天棚工程量(天棚净面积)

$S_{天棚}=(15.6-0.24)\times(13.5-0.24)-3.4\times(6-0.12\times2)=184.09(m^2)$

2.计算梁两侧工程量,需考虑楼板的厚度

①轴 $S_1=(6-0.25)\times(0.55-0.12)+(3-0.25)\times(0.55-0.09)+(3-0.25)\times(0.55-0.1)+$
$(1.5-0.25)\times(0.4-0.09)=5.36(m^2)$

②轴 $S_2=(6-0.25)\times(0.55-0.12)\times2+(3-0.25\times2)\times(0.55-0.09)+(3-0.25)\times(0.55-$
$0.1)+(6-0.25)\times(0.55-0.12)+(1.5-0.25)\times(0.4-0.09)\times2=10.58(m^2)$

③轴 $S_3=(6-0.25)\times(0.55-0.12)+(6-0.25\times2)\times(0.55-0.1)+(6-0.25)\times(0.55\times2-$
$0.12-0.1)+(1.5-0.25)\times(0.4-0.09)\times2=10.78(m^2)$

④轴 $S_4=(2-0.25)\times(0.55\times2-0.1-0.09)+(4-0.25)\times(0.55-0.1)\times2+(1.5-0.25)\times$
$(0.4-0.09)\times2=5.74(m^2)$

78

⑤轴 $S_5=(2-0.25)\times(0.55-0.09)+(4-0.25)\times(0.55-0.1)+(1.5-0.25)\times(0.4-0.09)$
$=2.88(m^2)$

A轴 $S_A=(15.6-0.25\times4)\times(0.4-0.09)\times2+(4.5+3.2+3.4-0.125\times6)\times(0.4-0.1)+$
$(4.5-0.25)\times(0.4-0.12)=13.35(m^2)$

B轴 $S_B=(4.5-0.25)\times(0.4-0.12)+(4.5-0.25\times2)\times(0.4-0.09)+(4.5-0.25)\times(0.4-$
$0.12)\times2+(3.2-0.25)\times(0.4-0.1)\times2=6.58(m^2)$

C轴 $S_C=(4.5\times2-0.125\times4)\times(0.4-0.12)+(3.2-0.25)\times(0.4-0.1)=3.27(m^2)$

其他轴 $S=(4.5-0.25)\times(0.4-0.1)+(4.5-0.25\times2)\times(0.4-0.09)+(3-0.25\times2)\times(0.3$
$-0.09)+(3-0.25)\times(0.3-0.09)+(2.1-0.25)\times(0.3-0.09)\times2+(3.4-0.25)\times(0.35\times2-$
$0.09-0.1)=6.00(m^2)$

3. 计算楼梯处的天棚工程量

$S=(1.58-0.12)\times(3.4-0.24)+(1.62-0.12)\times(3.4-0.24)+3.33\times(1.62-0.12)\times2+$
$(0.35-0.12)\times(3.4-0.24)\times2=20.80(m^2)$

4. 合计总工程量

$S_总=184.09+5.36+10.40+10.78+2.88+13.35+6.58+3.27+6.00+20.80=269.43(m^2)$

根据知识导入表9-1编制分部分项工程量清单,如表9-2所示。

表9-2 分部分项工程量清单

序号	项目编码	项目名称	项目特征描述	计量单位	工程量
1	011301001001	天棚抹灰	15厚 基层处理1:1:6混合砂浆抹灰,满刮水性腻子	m²	269.43
2	011407002001	天棚喷刷涂料	一般抹灰面 涂料饰面二度	m²	269.43

 任务练习

1. 参考一层天棚梁平面图,如图9-2所示。参照例题完成一层天棚清单工程量的计算,并填入表9-3中。

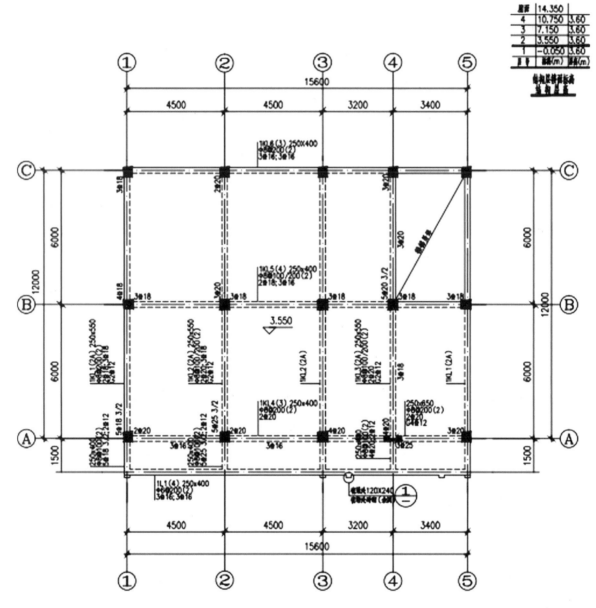

图 9-2　一层天棚梁平面图

表 9-3　一层天棚工程量的计算

序号	项目名称	计算过程
1		
2		
3		
4		

2.根据知识导入表 9-1 编制分部分项工程量清单,如表 9-4 所示。

表 9-4　分部分项工程量清单

序号	项目编码	项目名称	项目特征描述	计量单位	工程量
1					
2					
3					

项目十 屋面及防水工程

 教学设计

本项目分 2 个教学任务,每个任务参照课程标准进行教学设计。根据工作过程完成计算屋面工程量,可参照《房屋建筑与装饰工程工程量计算规范》(GB 50854—2013)附录 L。

 项目概况

××厂房工程屋面有上人屋面和非上人屋面两种,具体详见附录 A 建筑施工图 JS-03。

上人屋面做法(自下而上):

结构层:现制钢筋防水混凝土屋面。

找坡层:结构找坡。

找平层:20 厚 1:3 水泥砂浆找平。

隔气层:刷冷底子油一道,热沥青一遍隔气层。

保温层:1:10 水泥膨胀珍珠岩,最薄处 60 厚。

找平层:20 厚 1:3 水泥砂浆找平。

防水层:3 厚 SBS 改性沥青防水卷材。

隔离层:4 厚纸筋灰。

刚性防水层:40 厚 C20 细石混凝土随捣随抹平(ℂ4@150 双向,按开间设置分仓缝)。

由以上信息判断,该屋面为刚性屋面,防水材料采用 SBS 改性沥青防水卷材。

非上人屋面做法(自下而上):

结构层:现制钢筋防水混凝土屋面。

找坡层:结构找坡。

找平层:20 厚 1:3 水泥砂浆。

隔气层:油毡一层。

保温层:1:10 水泥膨胀珍珠岩,最薄处 60 厚。

找平层:20 厚 1:3 水泥砂浆。

防水层:3 厚 SBS 改性沥青防水卷材。

保护层:浅色铝基反光材料。

由以上信息判断,该屋面为柔性屋面,防水材料采用 SBS 改性沥青防水卷材。

任务 1　屋面及防水工程

任务目标

1.能够熟练识读屋顶平面图。

2.理解屋面及防水工程清单的计算规则。

3.掌握屋面及防水工程工程量的计算。

任务描述

依据××厂房工程,本任务需要完成屋面及防水工程工程量的计算。

知识导入

屋面及防水工程中的清单项目设置、项目特征描述、计量单位及工程量计算规则应按表10-1的规定执行。

表 10-1　屋面及防水工程(编码:010902)

项目编码	项目名称	项目特征	计量单位	工程量计算规则	工作内容
010902001	层面卷材防水	1.卷材品种、规格、厚度 2.防水层数 3.防水层做法	m²	按设计图示尺寸以面积计算 1.斜屋顶(不包括平屋顶找坡)按斜面积计算,平层顶按水平投影面积计算 2.不扣除房上烟囱、风帽底座、风道、层面小气窗和斜沟所占面积 3.层面的女儿墙、伸缩缝和天窗等处的弯起部分,并入层面工程量内	1.基层处理 2.刷底油 3.铺油毡卷材、接缝
010902002	层面涂膜防水	1.防水膜品种 2.涂膜厚度、遍数 3.增强材料种类			1.基层处理 2.刷基层处理剂 3.铺布、喷涂防水层
010902003	层面刚性层	1.刚性层厚度 2.混凝土强度等级 3.嵌缝材料种类 4.钢筋规格、型号			1.基层处理 2.混凝土制作、运输、铺筑、养护 3.钢筋制作和安装
010902004	层面排水管	1.排水管品种、规格 2.雨水斗、山墙出水口品种、规格 3.接缝、嵌缝材料种类 4.油漆品种、刷漆遍数	m	按设计图示以长度计算。如设计未标注尺寸,以檐口至设计室外散水上表面垂直距离计算	1.排水管及配件安装、固定 2.雨水斗、山墙出水口、雨水篦子安装 3.接缝、嵌缝 4.刷漆

 **任务实施**

一、上人屋面工程量清单

1. 计算屋面工程量

$S_{屋面} = (12 - 0.4) \times (15.6 - 0.24) - 3.4 \times (8 - 0.4) = 152.34(m^2)$

2. 计算屋面防水工程量

$S_{防水} = S_{屋面} + S_{女儿墙} = 152.34 + (12 - 0.4) \times 0.25 \times 2 + 3.4 \times 0.25 = 158.99(m^2)$

根据计量知识准备的表 10-1,完成编制分部分项工程量清单,如表 10-2 所示。

表 10-2　分部分项工程量清单

序号	项目编码	项目名称	项目特征描述	计量单位	工程量
1	010902003001	屋面刚性层	40 厚 C20 细石混凝土随捣随抹平(Φ4@150 双向,按开间设置分仓缝)	m²	152.34
2	010902001001	屋面卷材防水	3 厚 SBS 改性沥青防水卷材	m²	158.99

二、非上人屋面工程量清单

计算屋面防水工程量

$S_{屋面} = (8 - 0.4 - 0.24) \times (3.4 - 0.24) + 0.25 \times [(8 - 0.4 - 0.24) \times 2 + (3.4 - 0.24)] = 27.73(m^2)$

根据计量知识准备的表 10-1 完成编制分部分项工程量清单,如表 10-3 所示。

表 10-3　分部分项工程量清单

序号	项目编码	项目名称	项目特征描述	计量单位	工程量
1	010902001002	屋面卷材防水	3 厚 SBS 改性沥青防水卷材	m²	27.73

 任务练习

根据附录 B 图纸完成屋面及防水工程量的计算,并填入表 10-4 中。

表 10-4　屋面及防水工程量的计算

序号	项目名称	计算过程
1		
2		

根据以上工程量编制分部分项工程量清单,如表 10-5 所示。

表 10-5 分部分项工程量清单

序号	项目编码	项目名称	项目特征描述	计量单位	工程量
1					
2					

任务 2 檐沟工程

任务目标

1.能够熟练识读屋顶平面图中檐沟部分相关内容。

2.理解屋面檐沟防水部分工程清单计算规则。

3.掌握屋面檐沟防水工程工程量的清单计算。

任务描述

依据××厂房工程,本任务需要完成屋面檐沟防水工程工程量的计算。

知识导入

屋面檐沟防水的清单项目设置、项目特征描述、计量单位及工程量计算规则,应按表 10-6 屋面檐沟防水的规定执行。

表 10-6 屋面檐沟防水(编码:010902)

项目编码	项目名称	项目特征	计量单位	工程量计算规则	工作内容
010902005	屋面排(透)气管	1.排(透)气管品种、规格 2.接缝、嵌缝材料种类 3.油漆品种、刷漆遍数	m	按设计图示尺寸以长度计算	1.排(透)气管及配件安装、固定 2.软件制作、安装 3.接缝、嵌缝 4.刷漆
010902006	层面(廊、阳台)吐水管	1.吐水管品种、规格 2.接缝、嵌缝材料种类 3.吐水管长度 4.油漆品种、刷漆遍数	根(个)	按设计图示数量计算	1.吐水管及配件安装、固定 2.接缝、嵌缝 3.刷漆
010902007	屋面天沟、檐沟	1.材料品种、规格 2.接缝、嵌缝材料种类	m²	按设计图示尺寸以展开面积计算	1.天沟材料铺设 2.天沟配件安装 3.接缝、嵌缝 4.刷防护材料

任务实施

1.上人屋面的檐沟防水工程量清单的计算

$S_{檐沟} = (1.5 - 0.24 + 0.3 \times 2 + 0.25) \times (15.6 - 0.24) + (1.5 - 0.24) \times (0.65 - 0.1) + (12.2 - 0.24) \times (0.4 + 0.3 \times 2 + 0.25) = 48.05(m^2)$

根据计量知识准备的表10-2完成编制表10-7分部分项工程量清单,如下所示。

表 10-7　分部分项工程量清单

序号	项目编码	项目名称	项目特征描述	计量单位	工程量
1	010902007001	屋面天沟、檐沟	3厚1:0.5水泥纸筋抹平,2厚水泥纸筋灰抹光	m²	48.05

2.非上人屋面的檐沟防水工程量清单的计算

$S_{檐沟} = (3.4 - 0.24) \times (0.4 + 0.3 + 0.55) + 0.4 \times 0.55 \times 2 = 4.39(m^2)$

根据计量知识准备的表10-1,完成编制分部分项工程量清单,如表10-8所示。

表 10-8　分部分项工程量清单

序号	项目编码	项目名称	项目特征描述	计量单位	工程量
1	010902007002	屋面天沟、檐沟	3厚1:0.5水泥纸筋抹平,2厚水泥纸筋灰抹光	m²	4.39

任务练习

根据附录B图纸完成屋面檐沟防水工程量清单的计算,并填入表10-9中。

表 10-9　屋面檐沟防水工程量的计算

序号	项目名称	计算过程
1		
2		

根据以上工程量列清单,填表10-10。

表 10-10　分部分项工程量清单

序号	项目编码	项目名称	项目特征描述	计量单位	工程量
1					
2					

二、计价篇

项目十一　工程清单计价基础

教学设计

本项目分 2 个教学任务，每个任务参照课程标准进行教学设计。根据工作过程完成计算部分工程费，墙体砌筑工程部分工程费基价的查询与替换计算，可参照《浙江省房屋建筑与装饰工程预算定额》(2018 版)。

项目概况

××厂房工程量清单计量部分已经完工，接下去进行清单计价准备工作。本章节主要介绍工程量清单计价基础、预算定额的直接套用和常用的换算方法。

任务 1　工程量定额计价概述

任务目标

1.了解定额计价的基本原理和内容。

2.了解预算定额的组成。

3.掌握定额编号的查询与套用。

任务描述

本任务需要了解定额计价的基本内容，从简单的例题中学习定额查询和直接套用定额的方法，计算出直接定额费。

 **知识导入**

一、定额计价的原理和内容

定额计价法是指根据招标文件和施工图纸，按照各省级建设行政主管部门颁布的建设工程计价定额中规定的工程量计算规则、定额单价、费用定额中的取费标准、税率等，确定建筑安装工程造价的计价方法，按计量、套价、取费的程序进行计价，即进行项目的划分，计算确定每个项目（定额中的子目、分项工程）的工程量，然后选套相应项目的定额单价（子目基价），再计取工程的各项费用，最后汇总得到整个工程的造价。

实行定额计价时，建筑安装工程造价由分部分项工程费、措施项目费、其他项目费、规费和税金等组成。

二、预算定额的应用

预算定额由国家主管机关或被授权单位颁发的，用于确定一定计量单位分项工程或结构构件所需的人工、材料、机械台班消耗的数量标准。其通常是由各省建设部门组织行业专家整合本地区的实际编制而成，反映社会平均水平，具有统一性和时效性。

《浙江省房屋建筑与装饰工程预算定额》2018 版分上、下两册（具体内容见表 11-1、表 11-2），由 20 个分部工程定额、总说明、建筑面积计算规范和 4 个附录组成，每个分部工程均有分部说明、工程量计算规则和定额表。

（1）分部说明

其是对本分部的编制内容、编制依据、使用方法和共同性问题所做的说明和规定。

（2）工程量计算规则

其是对本分部各分项工程量计算规则所做的统一规定。

（3）定额表

每个定额表列有工作内容、计量单位、项目名称、定额编号、定额基价以及人工、材料、机械的消耗定额。具体如表 11-1、表 11-2 所示。

表 11-1　上册划分为 10 个分部工程

章节	内容	章节	内容
第一章	土石方工程	第六章	金属结构工程
第二章	地基处理与边坡支护工程	第七章	木结构工程
第三章	桩基础与地基加固工程	第八章	门窗工程
第四章	砌筑工程	第九章	屋面及防水工程
第五章	混凝土及钢筋混凝土工程	第十章	保温隔热、耐酸防腐工程

表 11-2　下册划分为 10 个分部工程

章节	内容	章节	内容
第十一章	楼地面装饰工程	第十六章	拆除工程
第十二章	墙、柱面装饰与隔断、幕墙工程	第十七章	构筑物、附属工程
第十三章	天棚工程	第十八章	脚手架工程
第十四章	油漆、涂料、裱糊工程	第十九章	垂直运输工程
第十五章	其他装饰工程	第二十章	建筑物超高施工增加费

三、预算定额的查阅

当分项工程的设计要求与预算定额条件完全相同时，可以直接套用定额，具体按以下方法查阅：

（1）根据分项工程名称，确定项目所在章目录的位置；

（2）根据分项工程内容，从章目录中查阅定额表所在的页面位置；

（3）根据分项工程项目的具体内容，从所在页面的位置中查阅定额编号、计量单位、基价以及人工、材料、机械的消耗定额。

 任务实施

已知某些工程部分工程量，参照《浙江省房屋建筑与装饰工程预算定额（2018 版）》进行定额的套用，计算相应的定额直接费。

例 1　某公共大楼的基坑土方量为 25.03 m³，土壤类别为一、二类土，挖土深度 1.4 m。求该大楼挖基坑土方的定额直接费。

解：查基坑土方的定额基价表 11-3，可计算挖基坑土方的定额直接费。

已知工程土壤类别为一、二类土，挖土深度 1.4 m，查询得定额编号为 1—4，基价为 1770 元/100 m³。则：

挖基坑土方的定额直接费＝定额基价×工程量＝17.7×25.03＝443.03（元）

例 2　已知某大楼基础垫层混凝土种类为现浇现拌 C15 混凝土，垫层用量为 0.8 m³。求该项目的工程费。

解：查基础垫层的定额基价表 11-4，可计算基础垫层的定额直接费。

已知垫层混凝土种类为现浇现拌 C15 混凝土，查询得定额编号为 5—1，基价为 4503.40 元/10 m³。则：

垫层的定额直接费＝定额基价×工程量＝450.34×0.8＝360.27（元）

例 3　已知某工程为独立基础，混凝土种类为现浇现拌 C30 混凝土，混凝土用量为 3.72 m³。求该工程独立基础的工程费。

解：查基础垫层的定额基价表 11-4，可计算独立基础的定额直接费。

已知混凝土种类为现浇现拌 C30 混凝土，查询得定额编号为 5—3，基价为 4916.53 元/10 m³。则：

独立基础定额直接费＝定额基价×工程量＝491.653×3.72＝1828.95（元）

表 11-3　基坑土方的定额基价

工作内容:挖土、弃土于槽、坑边 1 m 以外成装土;修垫槽坑底、壁　　　　　　　　　　　计量单位:100 m³

定额编号			1—4	1—5	1—6	1—7	1—8	1—9
			挖地槽、地坑					
			深 1.5 m 以内			深 3 m 以内		
			一、二类土	三类土	四类土	一、二类土	三类土	四类土
基价(元)			1770.00	3150.00	4730.00	2410.00	3770.00	5330.00
其中	人工费(元)		1770.00	3150.00	4730.00	2410.00	3770.00	5330.00
	材料费(元)		—	—	—	—	—	—
	机械费(元)		—	—	—	—	—	—
名称	单位	单价(元)	消耗量					
人工 一类人工	工日	125.00	14.16	25.20	37.84	19.28	30.16	42.64

表 11-4　基础垫层的定额基价

工作内容:混凝土浇捣、看护、养护等　　　　　　　　　　　　　　　　　　　　　计量单位:10 m³

定额编号				5—1	5—2	5—3	5—4
项目				垫层	基础		满堂基础、地下室底板
					毛石混凝土	混凝土	
基　价(元)				4503.40	4351.90	4916.53	4892.69
其中	人工费(元)			408.78	232.47	240.44	216.41
	材料费(元)			4087.85	4117.52	4673.58	4673.77
	机械费(元)			6.77	1.91	2.51	2.51
人工	二类人工	工日	135.00	3.02	1.72	1.78	1.60
材料	非泵送商品混凝土 C15	m³	399.00	10.10	—	—	—
	泵送商品混凝土 C30	m³	461.00	—	8.28	10.10	—
	泵送防水商品混凝土 C30/P8	m³	460.00	—	—	—	10.10
	块石 200~500	1	77.67	—	3.65	—	—
	塑料薄膜	m²	0.86	47.77	13.24	14.81	25.19
	水	m³	4.27	3.95	1.01	1.11	1.43
机械	混凝土振捣器 插入式	台班	4.65	—	0.41	0.54	0.54
	混凝土振捣器 平板式	台班	12.54	0.54	—	—	—

注:①杯形基础每 10 m³ 增加 DM 5.0 预拌砂浆 0.068 t。
②垫层按非泵送商品混凝土编制,实际采用泵送商品混凝土时,除混凝土价格换算外,人工乘以系数 0.67,其余不变。

例 4　已知某工程墙体为非黏土烧结多孔砖,一砖厚,用量为 46.08 m³。求该工程的墙体定额直接费。

解:查墙体定额基价表 11-5,可计算墙体定额直接费。

已知墙体为非黏土烧结多孔砖,工程量为 46.08 m³,查询得定额编号为 4—41,基价为 3954.50 元/10 m³。则:

混凝土柱定额直接费=定额基价×工程量=395.45×46.08=18222.34(元)

表 11-5　墙体定额基价 　计量单位:10 m³

定额编号			4—41	4—42	4—43	4—44	4—45
项目			非黏土烧结多孔砖				
			墙厚			方柱	零星砌体
			1 砖	1/2 砖	90 厚		
基　　价(元)			3954.50	4226.33	5528.25	4348.30	4360.31
其中	人工费(元)		1082.70	1436.40	1548.45	1485.00	1541.70
	材料费(元)		2853.39	2775.39	3964.29	2846.24	2802.72
	机械费(元)		18.41	14.54	15.51	17.06	15.89
名称	单位	单价(元)	消耗量				
人工	二类人工	工日	135.00	8.02	10.64	11.47	11.00	11.42
材料	非黏土烧结岩多孔砖 240×115×90	千块	612.00	3.37	3.52	—	3.46	3.47
	非黏土烧结页岩多孔砖 190×90×90	千块	586.00	—	—	5.62	—	—
	干混砌筑砂浆 DM M7.5	m³	413.73	1.89	1.49	1.60	1.75	1.63
	水	m³	4.27	1.10	1.10	1.10	1.10	1.10
	其他材料费	元	1.00	4.30	—	4.30	—	—
机械	干混砂浆罐式搅拌机 20000 L	台班	193.83	0.09	0.07	0.08	0.08	0.08

例 5　已知某工程钢筋混凝土柱的混凝土强度等级为 C30,矩形柱,混凝土用量为 11.52 m³。求该工程混凝土柱的定额直接费。

解:查混凝土柱的定额基价表 11-6,可计算混凝土柱的定额直接费。

已知混凝土为 C30 混凝土,工程量为 11.52 m³,查询得定额编号为 5—6,基价为 5584.19 元/10 m³。则

混凝土柱定额直接费＝定额基价×工程量＝558.419×11.52＝6432.99(元)

表 11-6　混凝土柱的定额基价 　计量单位:10 m³

定额编号			5—6	5—7
项　　目			矩形柱、异形柱、圆形柱	构造柱
基　　价(元)			5584.19	5754.93
其中	人工费(元)		876.15	1486.76
	材料费(元)		4703.85	4261.85
	机械费(元)		4.19	6.32
名称	单位	单价(元)	消耗量	
人工	二类人工	工日	135.00	6.49	11.01
材料	非泵送商品混凝土 C25	m³	421.00	—	10.10
	泵送商品混凝土 C30	m³	461.00	10.10	—
	塑料薄膜	m²	0.86	0.91	0.88
	水	m³	4.27	11.00	2.10
机械	混凝土振捣器 插入式	台班	4.65	0.90	1.36

以上情况均为预算定额的直接套用。在定额的直接套用上要注意以下几点:

1.根据施工图纸、设计说明和做法说明、分项工程施工过程划分来选择定额项目。

2.要从工程内容、技术特征和施工方法及材料规格上仔细核对,才能较准确地确定相应的定额

项目。

3.分项工程的名称和计量单位要与预算定额一致。

 任务练习

查阅下列各项目的定额编号、计量单位、基价。

1.某工程为墙厚1砖半的烧结多砖墙,采用 M 7.5 混合砂浆砌筑。

定额编号	计量单位	基价(元)

2.某工程现浇混凝土挑阳台采用复合木膜,支模高度 3.2 m。

定额编号	计量单位	基价(元)

3.查人工挖一般三类土方。

定额编号	计量单位	基价(元)

4.查泵送商品混凝土 C30 的矩形梁。

定额编号	计量单位	基价(元)

5.查泵送商品混凝土 C30 平板。

定额编号	计量单位	基价(元)

6.查泵送商品混凝土 C30 直形楼梯。

定额编号	计量单位	基价(元)

7.查 400×400 防滑地砖楼地面。

定额编号	计量单位	基价(元)

8.查内墙抹灰。

定额编号	计量单位	基价(元)

任务 2　预算定额的换算

任务目标

1.了解定额的换算规定。

2.掌握定额换算类型,会进行基本换算。

任务描述

××厂房工程墙体采用 Mu 10 烧结页岩多孔砖,M 7.5 混合砂浆砌筑,进行砂浆、混凝土强度等级的更换,重新计算换算后的各项基价。

知识导入

一、预算定额的换算

当设计要求与定额的工程内容、材料规格、施工方法等条件不完全相符时,不可直接套用定额。可根据编制总说明、分部工程说明等有关规定,在定额规定范围内加以调整换算。经过换算的定额编号一般在其右侧写上"换"字或"H"。

二、预算定额常见的换算类型

1.砂浆换算:砌筑砂浆的强度等级和砂浆类型的换算。

2.混凝土换算:构件混凝土的强度等级、混凝土类型的换算。

3.系数换算:按规定对定额中的人工费、材料费、机械费乘以各种系数的换算。

4.其他换算:除上述 3 种情况以外的定额换算,例如超运距、超厚度、超高度、超深度等。

任务实施

1.砂浆换算

砂浆换算是指砂浆的用量、人工费、机械费不发生变化,只换算砂浆配合比或品种。

换算后定额基价＝原定额基价＋(设计砂浆单价－定额砂浆单价)×定额砂浆用量

例 1　××厂房工程墙体采用 Mu 10 烧结页岩多孔砖,M 7.5 混合砂浆砌筑。

定额编号	计量单位	基价(元)
4—41	10 m³	3954.50

现将 M 7.5 混合砂浆砌筑替换成 M 5 混合砂浆砌筑,则砂浆单价需要换算,定额编号仍为4—41,

计量单位:10 m³;基价:3954.50元;砂浆定额用量:1.89 m³。

查附录一,定额 M 7.5 砂浆单价 413.73元/m³,设计 M5 砂浆单价 397.23元/m³。

换算后基价=3954.5+(397.23-413.73)×1.89=3923.32(元/10 m³)

定额编号	计量单位	基价(元)	换算后基价(元)
4—41H	10 m³	3923.32	3954.5+(397.23-413.73)×1.89=3923.32

2. 构件混凝土标号换算

混凝土换算是混凝土的用量、人工费、机械费不发生变化,只换算混凝土标号或品种。

换算后定额基价=原定额基价+(设计混凝土单价-定额混凝土单价)×定额混凝土用量

例2 ××厂房工程混凝土柱采用 C30 现浇普通混凝土钢筋混凝土矩形柱,现将混凝土换成 C25(40)。

查得该项目定额编号:5—6H;计量单位:10 m³;基价:5584.19元;混凝土定额用量:10.10 m³。

查附录一,定额 C30(40)混凝土单价 305.80元/m³,设计 C25(40)混凝土单价 298.96元/m³。

换算后基价=5584.19+(298.96-305.80)×10.1=5515.11(元/10 m³)

定额编号	计量单位	基价(元)	换算后基价(元)
5—6H	10 m³	5584.19	5584.19+(298.96-305.80)×10.1=5515.11

3. 系数换算

系数换算是指在使用某些预算项目时,定额的一部分或全部乘以规定系数。

以桩基础的试桩为例,查询定额桩基工程说明第十一条可知:单独打试桩、锚桩,按相应定额的打桩人工及机械乘以系数 1.50。

例3 非预应力混凝土预制桩,断面周长 1.5 m,锤击沉桩,桩长 10 m。(打试桩)

该项目定额编号:3—2H;计量单位:100 m;基价:2530.91元。

换算后基价=724.41×1.50+119.92+1686.58×1.50=3736.41(元/100 m)

定额编号	计量单位	基价(元)	换算后基价(元)
3—2H	100 m	2530.91	724.41×1.50+119.92+1686.58×1.50=3736.41

 知识拓展

工程量清单计价的基本原理和内容

工程量清单计价法,亦称综合单价法,是指建设工程招标投标中,招标人按照《房屋建筑与装饰工程工程量计算规范》(GB 50854—2013),提供工程数量清单,由投标人依据工程量清单计算所需的全部费用,包括分部分项工程费、措施项目费、其他项目费、规费和税金,自主报价,并按照经评审合理低价中标的工程造价计价模式。简言之,工程量清单计价法是建设工程在招标投标中,招标人(或委托具有相应资质的咨询人)编制反映工程实体消耗和措施消耗的工程量清单,作为招标文件的一部分提供给投标人,由投标人依据工程量清单、企业定额、工程造价信息和经验数据等自主报价的计价方式。

实行工程量清单计价时,建筑安装工程造价由分部分项工程费、措施项目费、其他项目费、规费和税金等组成。

1.分部分项工程费＝综合单价×分部分项清单工程量。

2.措施项目费＝措施项目综合单价×措施项目清单工程量。

其中:综合单价＝人工费＋材料费＋机械费＋企业管理费＋利润。

3.其他项目费包含:暂列金额、暂估价、计日工、施工总承包服务费。

4.规费包含工程排污费、社会保险及住房公积金。

5.税金:指国家税法规定的应计入建筑安装工程造价的建筑服务增值税。

 任务练习

1.某工程开挖房屋桩承台地槽土方,人工挖土,为三类湿土,挖土深度为3 m。套用2018版定额,并计算其基价。

定额编号	计量单位	基价(元)	换算后基价

2.某工程为300厚M 10混合砂浆砌筑粉煤灰加气混凝土砌块墙。套用2018版定额,并计算其基价。

定额编号	计量单位	基价(元)	换算后基价

3.某工程为C25(40)现浇钢筋混凝土柱。套用2018版定额,并计算其基价。

定额编号	计量单位	基价(元)	换算后基价

4.高度6 m的天棚抹灰脚手架。套用2018版定额,并计算其基价。

定额编号	计量单位	基价(元)	换算后基价

项目十二　工程计价软件介绍及清单计价

 教学设计

本项目仅 1 个教学任务,任务参照课程标准进行教学设计。根据工作过程完成清单计价。

 项目概况

××厂房工程已完成主体工程和装饰工程量的计算和清单计价。本章节主要介绍计价软件的应用和计价子目下定额的套用。

工程计价软件介绍及清单计价概述

 任务目标

1.能够熟练掌握计价软件的操作流程。

2.理解清单计价模式下定额的套用。

 任务描述

本工程计价软件采用 2018 擎洲广达云计价软件 2.1.0-506 版,软件在广联达官网上下载安装。本项目采用 2013(国标)清单综合单价方式进行计价。

本工程费用与材料价差按照以下计取:

1.采用增值税一般计税法,税金按 9% 考虑。

2.材料价格:材料预算单价按《浙江省建筑安装材料 2018 年基期价格》中的基价执行,主要材料信息价格按《绍兴市建设工程造价管理信息》2021 年第 7 期信息价。

3.人工单价:按 2018 版定额人工单价计入,并按 2021 年 7 月《绍兴市建设工程造价管理信息》公布的人工信息价进行补差,计取税金。

 **知识导入**

软件操作流程

第一步　新建项目

1. 双击桌面"2018擎洲广达云计价软件"图标 。

2. 在弹出的界面中选择"新建工程文件",如图12-1所示。

图 12-1　在弹出的界面中选择"新建工程文件"

3. 在弹出的界面中选择"09绍兴地区－[0901]绍兴2013清单招标",选择完成后点击"确定"。如图12-2所示。

图 12-2　在弹出的界面中选择"09绍兴地区－[0901]绍兴2013清单招标"

4. 在弹出的界面中选择"单位工程",跳出下面一个对话框,双击改工程名称"××厂房工程",再在界面中选择"专业工程",选择"建筑装饰工程",选择完成后点击"确定"。如图 12-3 所示。

浙江省18定额计价规则解读及18版计价新功能视频!

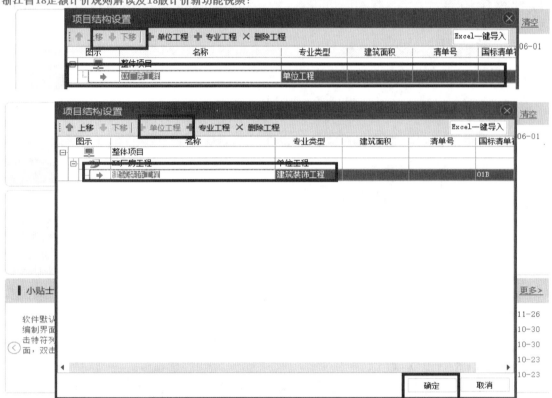

图 12-3　在弹出的界面中选择"单位工程"

第二步　取费选择

1. 在弹出的界面中选择"取费设置",跳出下面一个对话框,在"默认费率"列双击空格,选择"房屋建筑与构筑物"的中值,税金按 9% 考虑。安全文明施工基本费按市区工程中限计取,其余施工组织措施费本标底不考虑;其他项目费费率本标底不考虑。农民工工伤保险费已包含在标底报价内。如图 12-4 所示。

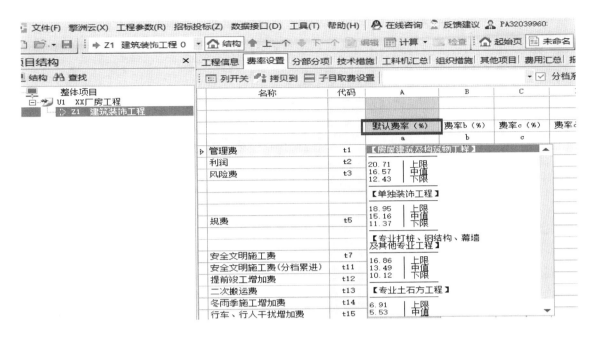

图 12-4　取费选择操作

2.完成界面如图 12-5 所示。

图 12-5　取费选择完成

3. 规费设置时鼠标左键点击左侧"××厂房工程",设置费率为9。如图 12-6 所示。

图 12-6 规费设置

4. 费率设置完成后点击"分部分项",进入清单定额模式。如图 12-7 所示。

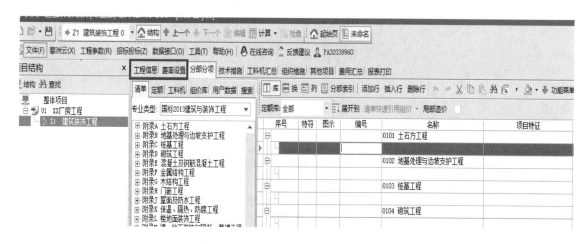

图 12-7 进入清单定额模式

第三步 土方清单定额选择(无换算定额)

1. 在"0101 土石方工程"下面鼠标点击左键出现蓝色行,然后点击左侧"清单"下"附录 A 土石方工程"前面的＋号,在跳出的界面中继续点击"土石方工程"前面的＋号。如图 12-8 所示。

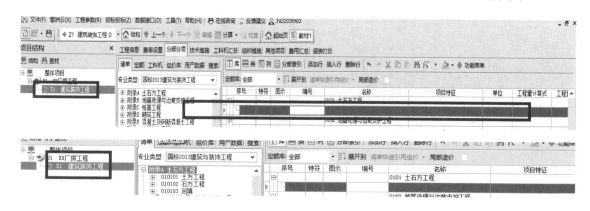

图 12-8 土方清单定额选择

2. 根据工程内容选择需要的清单项目,以"挖土方"为例。本工程为独立基础,所以土方应该是挖基坑土方,双击左侧"010101004 挖基坑土方",右侧清单栏下出现一个清单项目。如图 12-9 所示。

图 12-9　选择清单项目

3. 根据"010101004 挖基坑土方"清单在下面套定额,会出现需要的定额字目。本工程土方量较小,采用人工土方,在弹出的定额界面框下鼠标点下"1. 挖土方－人工"左侧＋号,双击"1－4"定额。如图 12-10 所示。

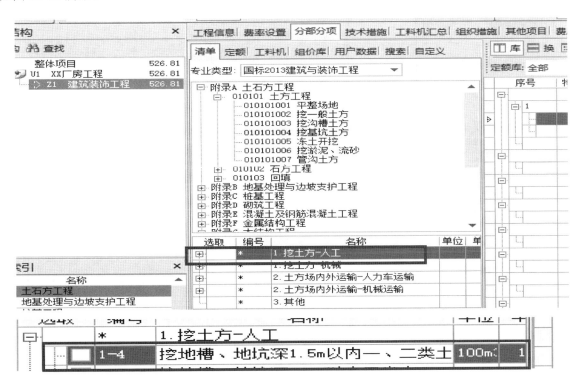

图 12-10　定额界面操作

4. 跳出一个定额系数选择栏,没有特殊要求不用选择,直接按"确定"。右侧清单下面出现一条定额,在"工程量计算式"中输入清单土方工程量 17.02。如定额工程量和清单工程量一致,则定额工程量不需要再重新输入,直接用 Q 表示。如图 12-11 所示。

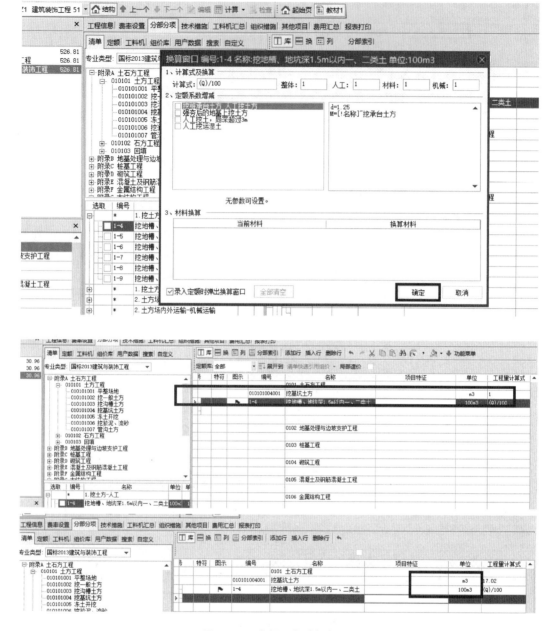

图 12-11　定额系数选择操作

5.项目特征描述,如果下方没有项目特征这一栏,按 F4 跳出鼠标左键点下清单子目。如图 12-12所示。

图 12-12　项目特征操作

6.在弹出的界面中,鼠标先点击清单项目,在下面选项中选择"项目特征",在需要的项目中打钩,清单项目特征栏中就会出现打钩的内容,根据本工程要求填写完成即可。如图 12-13 所示。

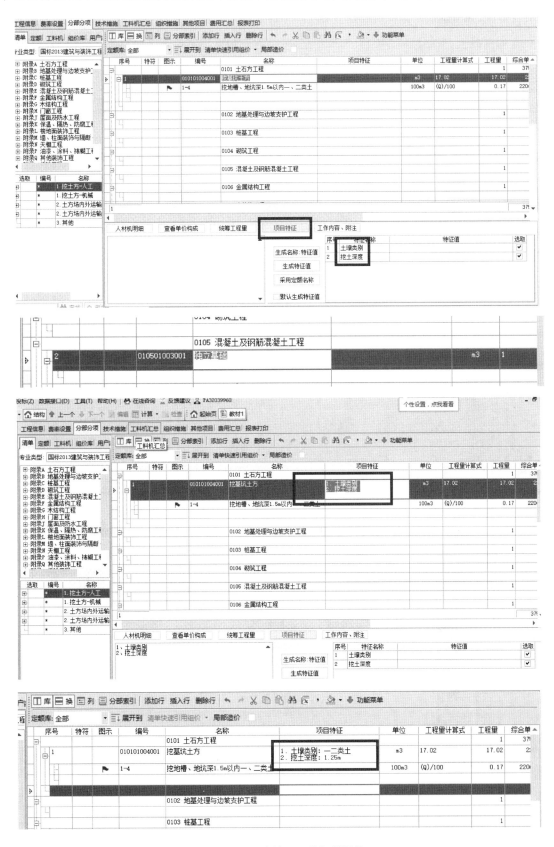

图 12-13　清单项目特征栏操作

第四步　土方清单定额选择(换算定额)

1. 在"0105 混凝土及钢筋混凝土工程"下选择"010501001002 垫层"清单,在下方弹出的对话框中双击勾选项目特征,弹出定额对话框后选择混凝土类型,按"确定",在左下角双击"5－1 垫层",根据题目要求采用 C15 的混凝土,当前材料为 C15;如果不是,可以右下角下拉菜单选择的箭头。如图 12-14 所示。

图 12-14　土方清单定额选择操作

由此,一个清单定额套价就完成了。剩余清单定额套价也是同样的原理,可以一个清单下一个定额,也可以一个清单下多个定额。同学们学会了吗?

 任务实施

根据项目三～项目十的项目工程量清单内容,完成清单项目下的定额套用与换算,详见表 12-1 分部分项工程量综合单价计价表,表 12-2 施工技术措施项目清单与计价表,表 12-3 分部分项工程量综合单价计算表。

 任务练习

1. 根据软件操作流程,完成楼地面的清单定额套价。
2. 根据软件操作流程,完成柱、梁、板的清单定额套价。

单位（专业）工程名称：××厂房工程－房屋建筑与装饰

表 12-1 分部分项工程量综合单价计价

序号	项目编码	项目名称	项目特征	计量单位	工程量	综合单价	合价	其中人工费	其中机械费	暂估价	备注
		土石方工程					1988.29	1619.08			
1	010101004001	基坑土方	土壤类别：一、二类土 挖土深度：1.25 m	m³	68.08	23.48	1598.52	1301.69			
2	010101003001	沟槽土方	土壤类别：一、二类土 挖土深度：1.25 m	m³	16.60	23.48	389.77	317.39			
		砌筑工程					31503.2	7326.46	125.26		
3	010401001001	砖基础	1.砖品种、规格、强度等级：MU 15 混凝土实心砖 2.砂浆强度等级：干混砌筑砂浆 DM 10.0 3.防潮层材料：6厚1：3水泥砂浆防潮层	m³	23.31	510.80	11906.75	2651.05	53.38		
4	010401004001	多孔砖墙	1.砖品种、规格、强度等级：Mu 10 烧结页岩多孔砖 2.墙体类型：外墙 3.砂浆强度等级、配合比：干混砌筑砂浆 DM 7.5	m³	29.76	490.77	14605.32	3484.60	53.57		
5	010401004002	多孔砖墙	1.砖品种、规格、强度等级：Mu 10 烧结页岩多孔砖 2.墙体类型：内墙 3.砂浆强度等级、配合比：干混砌筑砂浆 DM 7.5	m³	10.17	490.77	4991.13	1190.81	18.31		
		混凝土及钢筋混凝土工程					32079.24	2614.80	25.45		
		本页小计					33491.49	8945.54	125.26		

单位(专业)工程名称:××厂房工程—房屋建筑与装饰

序号	项目编码	项目名称	项目特征	计量单位	工程量	综合单价	合价	其中 人工费	其中 机械费	暂估价	备注
6	010501001001	垫层	1.混凝土种类:非泵送商品混凝土 2.混凝土强度等级:C15	m³	2.40	520.54	1249.30	106.10	1.56		
7	010501001002	垫层	1.混凝土种类:非泵送商品混凝土 2.混凝土强度等级:C15	m³	0.39	520.54	203.01	17.24	0.25		
8	010501003001	独立基础	1.混凝土种类:泵送商品混凝土 2.混凝土强度等级:C30	m³	8.60	592.51	5095.59	223.60	1.81		
9	010502001001	矩形柱	1.混凝土种类:泵送商品混凝土 2.混凝土强度等级:C30	m³	7.24	680.33	4925.59	685.99	2.53		
10	010503001001	基础梁	1.混凝土种类:泵送商品混凝土 2.混凝土强度等级:C30	m³	1.83	599.42	1096.94	53.77	0.64		
11	010503002001	矩形梁	1.混凝土种类:泵送商品混凝土 2.混凝土强度等级:C30	m³	7.79	611.92	4766.86	308.80	2.73		
12	010505003001	平板	1.混凝土种类:泵送商品混凝土 2.混凝土强度等级:C30	m³	18.46	624.2	11 522.73	844.73	13.29		
13	010503005001	过梁	1.混凝土种类:非泵送商品混凝土 2.混凝土强度等级:C25	m³	0.82	657.91	539.49	88.46	0.43		
		本页小计					29 399.51	2328.69	23.24		

单位（专业）工程名称：××厂房工程—房屋建筑与装饰

序号	项目编码	项目名称	项目特征	计量单位	工程量	金额（元）		其中			备注
						综合单价	合价	人工费	机械费	暂估价	
14	010506001001	直形楼梯	1. 混凝土种类：泵送商品混凝土 2. 混凝土强度等级：C30 3. 底板厚度：140 mm	m²	14.73	157.91	2679.73	286.11	2.21		
		屋面及防水工程									
15	010903003001	墙面砂浆防水（防潮）	+0.000 以下墙面 6 厚 1：3 水泥砂浆双面粉刷	m²	23.31	28.27	658.97	262.70	4.66		
16	010902003001	屋面刚性层	1. 刚性层厚度：40 mm 2. 混凝土种类：非泵送商品混凝土 3. 混凝土强度等级：C20 4. 钢筋规格、型号：Φ4@150 双向	m²	152.34	51.74	7882.07	1930.15	47.23		
17	010902001001	屋面卷材防水	1. 卷材品种、规格、厚度：3 厚 SBS 改性沥青防水卷材 2. 部位：上人屋面	m²	158.99	39.05	6208.56	510.36			
18	010902001002	屋面卷材防水	1. 卷材品种、规格、厚度：3 厚 SBS 改性沥青防水卷材 2. 部位：非上人屋面	m²	27.73	39.05	1082.86	89.01			
		本页小计					18512.19	3078.33	54.10		

单位（专业）工程名称：××厂房工程—房屋建筑与装饰

序号	项目编码	项目名称	项目特征	计量单位	工程量	金额（元）					备注
						综合单价	合价	其中			
								人工费	机械费	暂估价	
19	010902007001	屋面天沟、檐沟	1.材料品种、规格:3厚1:0.5水泥纸筋灰抹平;2厚水泥纸筋灰抹光	m²	48.05	19.71	947.07	646.75	7.69		
20	010902007002	屋面天沟、檐沟	1.材料品种、规格:3厚1:0.5水泥纸筋灰抹平;2厚水泥纸筋灰抹光	m²	1.74	19.71	34.30	23.42	0.28		
		楼地面装饰工程					18415.70	6183.68	57.58		
21	010404001001	垫层	1.垫层材料种类、配合比、厚度:卵石垫层150厚	m³	27.09	282.43	7651.03	1455.55	27.36		
22	011101001001	水泥砂浆楼地面	1.找平层厚度,砂浆配合比:30 mm C20(细石)非泵送商品混凝土;2.面层厚度,砂浆配合比:15厚水泥砂浆1:2.5	m²	159.47	54.13	8632.11	3761.9	27.11		
23	011102003001	块料楼地面	1.找平层厚度,砂浆配合比:C20(细石)非泵送商品混凝土;2.面层材料品种、规格、颜色:300×300防滑地砖	m²	4.58	149.98	686.91	160.85	0.14		
24	010904002001	楼(地)面涂膜防水	1.防水膜品种:聚氨酯防水涂料;2.涂膜厚度:1.5厚	m²	6.89	38.41	264.64	20.60			
25	011106004001	水泥砂浆楼梯面层	楼梯面层干混砂浆15 mm厚	m²	12.39	95.32	1181.01	784.78	2.97		
		本页小计					19397.07	6853.85	65.55		

单位（专业）工程名称：××厂房工程－房屋建筑与装饰

序号	项目编码	项目名称	项目特征	计量单位	工程量	综合单价	金额（元）				备注
							合价	其中			
								人工费	机械费	暂估价	
		墙、柱面装饰与隔断、幕墙工程					9047.51	4378.98	58.74		
26	011202001002	柱、梁面一般抹灰	1.柱（梁）体类型：砼 2.20厚干混抹灰砂浆 DP M 5.0	m²	5.57	40.47	225.42	125.77	1.17		
27	011201001001	墙面一般抹灰	1.墙体类型：外墙 2.20厚干混抹灰砂浆 DP M 15	m²	162.73	33.68	5480.75	2626.46	35.80		
28	011201001002	墙面一般抹灰	1.墙体类型：内墙 2.20厚干混抹灰砂浆 DP M 5.0	m²	37.26	32.88	1225.11	601.38	8.20		
29	011201001003	墙面一般抹灰	1.墙体类型：外墙 2.20厚干混抹灰砂浆 DP M 15	m²	53.29	33.68	1794.81	860.10	11.72		
30	011201001005	墙面一般抹灰	1.墙体类型：外墙 500 高勒脚 2.24厚干混抹灰砂浆 DP M 15	m²	7.13	45.08	321.42	165.27	1.85		
		天棚工程					14175.97	7894.81	42.05		
31	011301001001	天棚抹灰	1.抹灰厚度，材料种类：15 厚 2.砂浆配合比：1：1：6 混合砂浆	m²	262.81	26.03	6840.94	3537.42	42.05		
		本页小计					15888.45	7916.40	100.79		

单位（专业）工程名称：××厂房工程－房屋建筑与装饰

序号	项目编码	项目名称	项目特征	计量单位	工程量	金额（元）					备注
						综合单价	合价	人工费	其中		
									机械费	暂估价	
32	011407002001	天棚喷刷涂料	1. 基层类型：一般抹灰面 2. 喷刷涂料部位：天棚 3. 刮腻子要求：满刮水性腻子 4. 涂料品种、喷刷遍数：涂料饰面二度	m²	262.81	27.91	7335.03	4357.39			
		门窗工程					9469.08	714.45	1.60		
33	010801001001	木质门	1. 门代号及洞口尺寸：M 3 800×2100 2. 镶嵌玻璃品种、厚度：无	m²	1.68	203.21	341.39	119.46	1.60		
34	010807001001	金属（塑钢、断桥）窗	1. 框、扇材质：铝合金 2. 玻璃品种、厚度：4 mm 白玻璃	m²	30.45	299.76	9127.69	594.99			
		油漆、涂料、裱糊工程					5557.32	2856.23			
35	011407001001	墙面喷刷涂料	1. 基层类型：一般抹灰面 2. 喷刷涂料部位：外墙 3. 涂料品种、喷刷遍数：外墙涂料 3 遍	m²	167.99	21.52	3615.14	1856.29			
36	011407001002	墙面喷刷涂料	1. 基层类型：一般抹灰面 2. 涂料品种、喷刷遍数：白色乳胶漆 2 遍	m²	43.85	13.28	582.33	301.69			
			本页小计				21001.58	7229.82	1.60		

续　表

单位(专业)工程名称:××厂房工程—房屋建筑与装饰　　　　第 7 页　共 7 页

序号	项目编码	项目名称	项目特征	计量单位	工程量	金额(元)					备注
						综合单价	合价	其中			
								人工费	机械费	暂估价	
37	011407001003	墙面喷刷涂料	1.基层类型:一般抹灰面 2.喷刷涂料部位:外墙 3.涂料品种、喷刷遍数:室外乳胶漆	m^2	63.19	21.52	1359.85	698.25			
本页小计							1359.85	698.25			
合计							139050.14	37050.88	370.54		

单位（专业）工程名称：××厂房工程－房屋建筑与装饰标段

表 12-2 施工技术措施项目清单与计价

序号	项目编码	项目名称	项目特征	计量单位	工程量	金额（元）					备注
						综合单价	合价	其中			
								人工费	机械费	暂估价	
		技术措施					63046.34	23613.98	15428.88		
		脚手架工程					40876.41	12520.70	14668.86		
1	011701001001	综合脚手架	建筑结构形式:框架结构 檐口高度:14.45 m	m²	876.80	26.98	23656.06	12520.70	946.94		
2	011703001001	垂直运输	建筑物建筑类型及结构形式:厂房及框架结构 地下室建筑面积:无地下室 建筑物檐口高度:14.45 m,4层	m²	876.80	19.64	17220.35	13721.92			
		混凝土模板及支架（撑）					22169.93	11093.28	760.02		
1	011702001001	基础	1.基础类型:独立基础垫层模板	m²	3.92	48.81	191.34	110.94	3.65		
2	011702001003	基础	1.基础类型:基础梁垫层模板	m²	1.54	48.81	75.17	43.58	1.43		
3	011702001002	基础	1.基础类型:独立基础	m²	10.80	44.69	482.65	226.58	8.21		
4	011702002001	矩形柱	支撑高度:3.60 m	m²	77.04	55.23	4254.92	2191.79	131.74		
5	011702005001	基础	梁基础梁模板	m²	12.21	54.49	665.32	301.95	26.98		
6	011702006001	矩形梁	1.支撑高度:3.60 m	m²	71.09	68.91	4898.81	2524.41	179.86		
7	011702009001	过梁	1.支撑高度:3.60 m	m²	10.78	55.12	594.19	354.12	6.68		
		本页小计					52038.81	18274.07	15027.41		

单位(专业)工程名称:××厂房工程—房屋建筑与装饰标段

序号	项目编码	项目名称	项目特征	计量单位	工程量	金额(元)					备注
						综合单价	合价	人工费	机械费	暂估价	
									其中		
8	011702016001	平板	1. 支撑高度:3.60 m	m²	166.89	49.24	8217.66	3731.66	325.44		
9	011702024001	楼梯	1. 类型:直行楼梯 复合木模	m²	16.97	164.40	2789.87	1608.25	76.03		
			本页小计				11007.53	5339.91	401.47		
			合计				63046.34	23613.98	15428.88		

表 12-3　分部分项工程量综合单价计算

单位（专业）工程名称：××厂房工程—房屋建筑与装饰标段

清单序号	项目编码（定额编码）	清单（定额）项目名称	计量单位	数量	综合单价（元）						合计（元）
					人工费	材料（设备）费	机械费	管理费	利润	小计	
		土石方工程									
1	010101004001	挖基坑土方	m³	68.08	19.12			2.93	1.43	23.48	1599
	1—4	人工土方 挖地槽、地坑 深 1.5 m 以内 一、二类土	100 m³	0.68	1911.60			293.29	143.37	2348.26	1599
2	010101003001	挖沟槽土方	m³	16.60	19.12	2.93	1.43	23.48	390.00		
	1—4	人工土方 挖地槽、地坑 深 1.5 m 以内 一、二类土	100 m³	0.16	1911.60			293.29	143.37	2348.26	390
		砌筑工程									
3	010401001001	砖基础	m³	23.31	113.73	368.26	2.29	17.81	8.71	510.80	11907
	4—1	混凝土实心砖基础 墙厚 1 砖	10 m³	2.33	1137.34	3599.94	21.75	177.95	86.99	5023.97	11711
	9—44	防水砂浆 砖基础上	100 m²	0.13	1418.33	20.05	3.41	1.66	1443.45	196.00	
4	010401004001	多孔砖墙	m³	29.76	117.09	344.71	1.80	18.25	8.92	490.77	14605
	4—41	非黏土烧结多孔砖 墙厚 1 砖	10 m³	2.97	1170.92	3447.10	17.97	182.45	89.19	4907.63	14605
5	010401004002	多孔砖墙	m³	10.17	117.09	344.71	1.80	18.25	8.92	490.77	4991
	4—41	非黏土烧结多孔砖 墙厚 1 砖	10 m³	1.01	1170.92	3447.10	17.97	182.45	89.19	4907.63	4991
		混凝土及钢筋混凝土工程									
6	010501001001	垫层	m³	2.40	44.21	465.42	0.65	6.89	3.37	520.54	1249
	5—1	现浇混凝土 垫层	10 m³	0.24	442.09	4654.20	6.46	68.86	33.66	5205.27	1249
7	010501001002	垫层	m³	0.39	44.21	465.42	0.65	6.89	3.37	520.54	203
	5—1	现浇混凝土 垫层	10 m³	0.03	442.09	4654.20	6.46	68.86	33.66	5205.27	203
8	010501003001	独立基础	m³	8.60	26.00	560.30	0.21	4.03	1.97	592.51	5096
	5—3	现浇混凝土 基础混凝土	10 m³	0.86	260.03	5603	2.12	40.26	19.68	5925.09	5096

单位（专业）工程名称：××厂工程—房屋建筑与装饰标段

清单序号	项目编码（定额编码）	清单（定额）项目名称	计量单位	数量	综合单价（元）						合计（元）
					人工费	材料（设备）费	机械费	管理费	利润	小计	
9	010502001001	矩形柱	m³	7.24	94.75	563.51	0.35	14.59	7.13	680.33	4926
	5—6	现浇混凝土 矩形柱、异形柱、圆形柱	10 m³	0.72	947.54	5635.14	3.53	145.87	71.31	6803.39	4926
10	010503001001	基础梁	m³	1.83	29.38	562.89	0.35	4.57	2.23	599.42	1097
	5—8	现浇混凝土 基础梁	10 m³	0.18	293.75	5628.90	3.53	45.70	22.34	5994.22	1097
11	010503002001	矩形梁	m³	7.79	39.64	562.79	0.35	6.14	3.00	611.92	4767
	5—9	现浇混凝土 矩形梁、异形梁、弧形梁	10 m³	0.77	396.39	5627.93	3.53	61.43	30.03	6119.31	4767
12	010505003001	平板	m³	18.46	45.76	567.09	0.72	7.14	3.49	624.20	11523
	5—16	现浇混凝土 平板	10 m³	1.84	457.56	5670.86	7.15	71.39	34.90	6241.86	11522
13	010503005001	过梁	m³	0.82	107.88	524.74	0.53	16.63	8.13	657.91	539
	5—10	现浇混凝土 圈梁、过梁、拱形梁	10 m³	0.08	1078.79	5247.41	5.33	166.34	81.31	6579.18	539
14	010506001001	直形楼梯	m²	16.97	16.86	137.03	0.13	2.61	1.28	157.91	2680
	5—24	现浇混凝土 楼梯直形	10 m²	1.69	168.63	1370.25	1.25	26.08	12.75	1578.96	2680
		屋面及防水工程									
15	010903003001	墙面砂浆防水（防潮）	m²	23.31	11.27	14.18	0.20	1.76	0.86	28.27	659
	9—43	防水砂浆 立面	100 m²	0.23	1126.68	1418.33	20.05	176.03	86.05	2827.14	659
16	010902003001	屋面刚性层	m²	152.34	12.67	35.78	0.31	2.00	0.98	51.74	7882
	5—52	钢筋网片	t	0.21	859.94	6037.86	139.03	160.09	78.26	7275.18	1536
	9—1	刚性屋面 细石混凝土面层 厚度40 mm	100 m²	1.52	1148.14	2740.99	12.20	178.01	87.02	4166.36	6347
17	010902001001	屋面卷材防水	m²	158.99	3.21	35.11		0.49	0.24	39.05	6209

单位（专业）工程名称：××厂房工程—房屋建筑与装饰标段

清单序号	项目编码（定额编码）	清单（定额）项目名称	计量单位	数量	综合单价（元）						合计（元）
					人工费	材料（设备）费	机械费	管理费	利润	小计	
18	9—47	改性沥青卷材热熔法 一层平面	100 m²	1.58	321.35	3510.78		49.24	24.07	3905.44	6209
	0109020010002	屋面卷材防水	m²	27.73	3.21	35.11		0.49	0.24	39.05	1083
	9—47	改性沥青卷材热熔法 一层平面	100 m²	0.27	321.35	3510.78		49.24	24.07	3905.44	1083
19	0109020007001	屋面天沟、檐沟	m²	48.05	13.46	2.96	0.16	2.10	1.03	19.71	947
	13—1换	混凝土面天棚抹灰 一般抹灰换为[水泥石灰纸筋灰浆1:0.5]	100 m²	0.48	1346.02	295.65	16.08	209.74	102.53	1970.02	947
20	0109020007002	屋面天沟、檐沟	m²	1.74	13.46	2.96	0.16	2.10	1.03	19.71	34
	13—1换	混凝土面天棚抹灰 一般抹灰换为[水泥石灰纸筋灰浆1:0.5]	100 m²	0.01	1346.02	295.65	16.08	209.74	102.53	1970.02	34
		楼地面装饰工程									
21	0104040001001	垫层	m³	27.09	53.73	215.15	1.01	8.42	4.12	282.43	7651
	4—87	碎石垫层 干铺	10 m³	2.70	537.28	2151.52	10.07	84.18	41.15	2824.20	7651
22	0111010001001	水泥砂浆楼地面	m²	159.47	23.59	24.92	0.17	3.66	1.79	54.13	8632
	11—5	细石混凝土找平层 30 mm 厚	100 m²	1.59	1281.06	1576.36	2.87	197.52	96.55	3154.36	5030
	11—8换	干混砂浆楼地面 混凝土或硬基层上 20 mm 厚 实际厚度（mm）:15	100 m²	1.5947	1078.32	915.98	14.56	168.31	82.28	2259.45	3603
23	0111020003001	块料楼地面	m²	4.58	35.12	106.78	0.03	5.41	2.64	149.98	687
	11—5	细石混凝土找平层 30 mm 厚	100 m²	0.045	1281.06	1576.36	2.87	197.52	96.55	3154.36	144
	11—48	地砖 地面（黏结剂铺贴）周长1200 mm 以内密缝	100 m²	0.04	2231.12	9101.44		343.13	167.73	11843.42	542

单位（专业）工程名称：××厂工程—房屋建筑与装饰标段

清单序号	项目编码（定额编码）	清单（定额）项目名称	计量单位	数量	综合单价（元）						合计（元）
					人工费	材料（设备）费	机械费	管理费	利润	小计	
24	010904002001	楼（地）面涂膜防水	m²	6.89	2.99	34.74		0.46	0.22	38.41	265
	9—88	聚氨酯防水涂料 厚度 1.5 mm 平面	100 m²	0.06	299.15	3473.68		45.84	22.41	3841.08	265
25	011106004001	水泥砂浆楼梯面层	m²	12.39	63.34	17.18	0.24	9.78	4.78	95.32	1181
	11—112 换	楼梯面层 干混砂浆 20 mm 厚 实际厚度（mm）:15	100 m²	0.12	6334.14	1717.86	24.21	978.26	478.21	9532.68	1181
		墙、柱面装饰与隔断、幕墙工程									
26	011202001002	柱、梁面一般抹灰	m²	5.57	22.58	12.45	0.21	3.51	1.72	40.47	225
	12—21 换	柱（梁）面一般抹灰 柱（梁）14＋6 换为[干混抹灰砂浆 DP M5.0]	100 m²	0.05	2258.01	1245.07	21.37	350.90	171.53	4046.88	225
27	011201001001	墙面一般抹灰	m²	162.73	16.14	13.57	0.22	2.52	1.23	33.68	5481
	12—1	墙面一般抹灰 内墙 14＋6 mm	100 m²	1.62	1614.22	1356.89	21.94	251.98	123.18	3368.21	5481
28	011201001002	墙面一般抹灰	m²	37.26	16.14	12.77	0.22	2.52	1.23	32.88	1225
	12—1 换	墙面一般抹灰 内墙 14＋6 mm 换为[干混抹灰砂浆 DP M5.0]	100 m²	0.37	1614.22	1276.50	21.94	251.98	123.18	3287.82	1225
29	011201001003	墙面一般抹灰	m²	53.29	16.14	13.57	0.22	2.52	1.23	33.68	1795
	12—1	墙面一般抹灰 内墙 14＋6 mm	100 m²	0.53	1614.22	1356.89	21.94	251.98	123.18	3368.21	1795
30	011201001005	墙面一般抹灰	m²	7.13	23.18	16.27	0.26	3.61	1.76	45.08	321
	12—2 换	墙面一般抹灰 外墙 14＋6 mm 实际厚度（mm）:24	100 m²	0.07	2318.29	1627.03	26.48	361.04	176.49	4509.33	322
		天棚工程									

单位（专业）工程名称：××厂房工程－房屋建筑与装饰标段

清单序号	项目编码（定额编码）	清单（定额）项目名称	计量单位	数量	综合单价（元）						合计（元）
					人工费	材料（设备）费	机械费	管理费	利润	小计	
31	0113010001001	天棚抹灰	m²	262.81	13.46	9.28	0.16	2.10	1.03	26.03	6841
	13-1换	混凝土面天棚抹灰 一般抹灰 换为[干混抹灰砂浆 DPM5.0]	100 m²	2.62	1346.02	928.10	16.08	209.74	102.53	2602.47	6840
32	0114070002001	天棚喷刷涂料	m²	262.81	16.58	7.53		2.55	1.25	27.91	7335
	14-141	批刮腻子（满刮两遍）抹灰面	100 m²	2.62	969.94	270.52		149.17	72.92	1462.55	3844
	14-128	乳胶漆漆墙、柱、天棚面两遍	100 m²	2.62	688.04	482.18		105.82	51.73	1327.77	3490
		门窗工程									
33	0108010001001	木质门	m²	1.68	71.11	114.59	0.95	11.12	5.44	203.21	341
	8-6	普通木门 无亮胶合板门	100 m²	0.01	7111.03	11459.46	94.54	1112.41	543.79	20321.23	341
34	0108070001001	金属（塑钢、断桥）窗	m²	30.45	19.54	275.74		3.01	1.47	299.76	9128
	8-110	隔热断桥铝合金推拉窗 换为[铝合金推拉窗]	100 m²	0.30	1954.07	27573.73		300.52	146.91	29975.23	9127
		油漆、涂料、裱糊工程									
35	0114070001001	墙面喷刷涂料	m²	167.99	11.05	7.94		1.70	0.83	21.52	3615
	14-146	外墙涂料丙烯酸涂料	100 m²	1.67	1105.04	793.66		169.95	83.08	2151.73	3615
36	0114070001002	墙面喷刷涂料	m²	43.85	6.88	4.82		1.06	0.52	13.28	582
	14-128	乳胶漆漆墙、柱、天棚面两遍	100 m²	0.43	688.04	482.18		105.82	51.73	1327.77	582
37	0114070001003	墙面喷刷涂料	m²	63.19	11.05	7.94		1.70	0.83	21.52	136C
	14-146	外墙涂料丙烯酸涂料	100 m²	0.63	1105.04	793.66		169.95	83.08	2151.73	136C
合计											139050

项目十三　　工程量清单的计量与计价实例

 教学设计

　　本项目仅 1 个教学任务,任务参照课程标准进行教学设计。根据工作过程完成土建建模和清单计量计价,可参照《房屋建筑与装饰工程工程量计算规范》(GB 50854—2013)和 2018 版《浙江省建筑工程预算定额》。

 项目概况

　　××镇××村便民服务中心,建筑耐火等级为二级,设计使用年限为 50 年,占地 437 m²,总建筑面积为 1310 m²。建筑层数为 3 层,建筑高度为 10.2 m。具体详见附录 B《××镇××村便民服务中心》图纸。

工程量清单的计量与计价实例

 任务目标

　　1. 能够熟练识读《××镇××村便民服务中心》建筑施工图和结构施工图。

　　2. 理解土建算量软件的操作流程。

　　3. 掌握土建算量软件的建模和清单计量。

 任务描述

　　依据附录 B《××镇××村便民服务中心》图纸,本任务需要完成土建算量软件的建模和清单计量。

 知识导入

　　1. 土建算量软件的安装:找到官网,下载软件,选择广联达 BIM 土建计量平台 TJ 2018,点击下载安装。

2.正版软件需安装广联达加密锁驱动,不装加密锁软件为学习版。

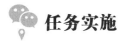**任务实施**

土建算量软件的程序:按照附录 B《××镇××村便民服务中心》图纸可知,以广联达 BIM 土建平台 TJ 2018 为例介绍建模的总顺序。如图 13-1 所示。

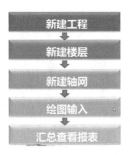

图 13-1   总顺序

1.新建工程,如图 13-2 所示。

图 13-2   新建工程

2.新建楼层,如图 13-3 所示。

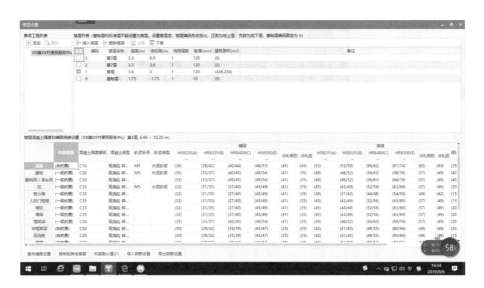

图 13-3   新建楼层

3.新建轴网,如图 13-4 所示。

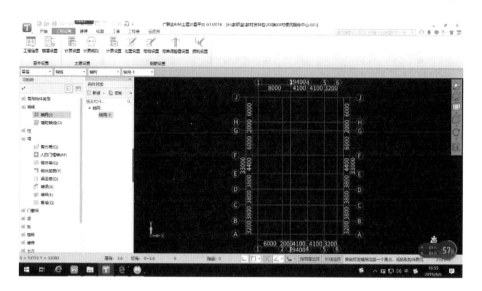

图 13-4　新建轴网

4.绘图输入,如图 13-5 所示。

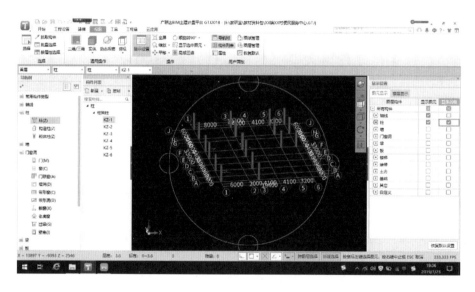

图 13-5　绘图输入

5. 汇总查看报表

绘图输入工程量汇总表—柱,如表 13-1 所示。

表 13-1 绘图输入工程量汇总表—柱

楼层	混凝土强度等级	名称	工程量名称								
			周长（m）	体积（m³）	模板面积（m²）	超高模板面积（m²）	数量（根）	脚手架面积（m²）	高度（m）	截面面积（m²）	模板面积（按含模量）（m²）
基础层	C30	KZ1	6.40	0.62	6.20	0	4	0	6.48	0.64	6.10
		KZ1*	1.60	0.15	1.55	0	1	0	1.62	0.16	1.52
		KZ2	4.80	0.46	4.65	0	3	0	4.86	0.48	4.57
		KZ3	3.20	0.31	3.10	0	2	0	3.24	0.32	3.05
		KZ3*	3.20	0.31	3.10	0	2	0	3.24	0.32	3.05
		KZ4	3.20	0.31	3.10	0	2	0	3.24	0.32	3.05
		KZ5	6.00	0.45	3.62	0	3	16.80	4.86	0.75	3.06
		KZ6	1.60	0.15	1.55	0	1	0	1.62	0.16	1.52
		小计	30	2.78	26.90	0	18	16.80	29.16	3.15	25.95
	小计		30	2.78	26.90	0	18	16.80	29.16	3.15	25.95
首层	C30	KZ1	6.40	2.30	20.86	0.73	4	0	14.40	0.64	22.64
		KZ1*	1.60	0.57	5.27	0.23	1	0	3.60	0.16	5.66
		KZ2	4.80	1.72	15.63	0.54	3	0	10.80	0.48	16.98
		KZ3	3.20	1.15	10.48	0.36	2	0	7.20	0.32	11.32
		KZ3*	3.20	1.15	10.53	0.45	2	0	7.20	0.32	11.32
		KZ4	3.20	1.15	10.48	0.39	2	0	7.20	0.32	11.32
		KZ5	6.00	2.70	19.42	0.50	3	18.03	10.80	0.75	18.30
		KZ6	1.60	0.57	5.24	0.20	1	0	3.60	0.16	5.66
		小计	30	11.34	97.94	3.43	18	18.03	64.80	3.15	103.23
	小计		30	11.34	97.94	3.43	18	18.03	64.80	3.15	103.23
第2层	C30	KZ1	8	2.64	23.42	0	5	0	16.50	0.80	25.95
		KZ1*	1.60	0.52	4.79	0	1	0	3.30	0.16	5.19
		KZ2	4.80	1.58	14.16	0	3	0	9.90	0.48	15.57
		KZ3	4.80	1.58	14.28	0	3	0	9.90	0.48	15.57
		KZ3*	3.20	1.05	9.57	0	2	0	6.60	0.32	10.38
		KZ4	3.20	1.05	9.50	0	2	0	6.60	0.32	10.38
		KZ5	3.20	1.05	9.13	0	2	0	6.60	0.32	10.38
		小计	28.80	9.50	84.89	0	18	0	59.40	2.88	93.42
	小计		28.80	9.50	84.89	0	18	0	59.40	2.88	93.42
第3层	C30	KZ1	28.80	10.39	89.34	3.53	18	0	64.96	2.88	102.17
		小计	28.80	10.39	89.34	3.53	18	0	64.96	2.88	102.17
	小计		28.80	10.39	89.34	3.53	18	0	64.96	2.88	102.17
合计			117.60	34.01	299.07	6.97	72	34.83	218.32	12.06	324.79

绘图输入工程量汇总表—构造柱,如表 13-2 所示。

表 13-2 绘图输入工程量汇总表—构造柱

楼层	混凝土强度等级	名称	工程量名称							
			周长(m)	体积(m³)	模板面积(m²)	超高模板面积(m²)	数量(根)	截面面积(m²)	高度(m)	模板面积(按含模量)(m²)
首层	C25	GZ-1	1.44	0.26	3.25	0	2	0.05	7.2	2.57
		GZ-2	23.04	4.95	50.26	0	24	1.38	85	48.55
		小计	24.48	5.22	53.51	0	26	1.44	92.20	51.13
	小计		24.48	5.22	53.51	0	26	1.44	92.20	51.13
第2层	C25	GZ-1	0.96	0.13	2.61	0	2	0.02	6.60	1.34
		GZ-2	2.16	0.37	3.81	0	3	0.08	9.90	3.62
		GZ-3	2.88	0.48	5.56	0	4	0.11	13.20	4.76
		GZ-4	30.72	6.12	60.07	0	32	1.84	105.60	60.00
		小计	36.72	7.12	72.07	0	41	2.07	135.30	69.73
	小计		36.72	7.12	72.07	0	41	2.07	135.30	69.73
屋顶	C25	GZ-1	8.64	0.76	9.67	0	9	0.51	12.06	7.50
		GZ-2	6.48	0.74	8.01	0	6	0.43	9.02	7.26
		小计	15.12	1.50	17.69	0	15	0.95	21.08	14.76
	小计		15.12	1.50	17.69	0	15	0.95	21.08	14.76
合计			76.32	13.85	143.29	0	82	4.46	248.58	135.63

绘图输入工程量汇总表—砌体墙,如表 13-3 所示。

表 13-3　绘图输入工程量汇总表—砌体墙

工程量名称

楼层	材质	厚度	名称	体积(m³)	外墙外胸手架面积(m²)	外墙内脚手架面积(m²)	内墙脚手架面积(m²)	综合外脚手架面积(m²)	外墙外侧钢丝网片总长度(m)	外墙内侧钢丝网片总长度(m)	内墙两侧钢丝网片总长度(m)	外部墙梁钢丝网片长度(m)	外部墙柱钢丝网片长度(m)	内部墙梁钢丝网片长度(m)	内部墙柱钢丝网片长度(m)	外墙外侧满挂钢丝网片面积(m²)	墙厚(m)	墙高(m)	长度(m)
基础层	砖	240	内墙-240[外墙]	8.83	0	0	113.16	0	0	0	158.68	0	0	146.44	12.24	0	1.68	11.34	37.72
			外墙-240[外墙]	23.21	319.41	312.21	0	319.41	236	233	0	195.26	40.74	195.26	37.74	102.57	2.16	14.58	106.71
			小计	32.04	319.41	312.21	113.16	319.41	236	233	158.68	195.26	40.74	341.70	49.98	102.57	3.84	25.92	144.43
			小计	32.04	319.41	312.21	113.16	319.41	236	233	158.68	195.26	40.74	341.70	49.98	102.57	3.84	25.92	144.43
			小计	32.04	319.41	312.21	113.16	319.41	236	233	158.68	195.26	40.74	341.70	49.98	102.57	3.84	25.92	144.43
首层	砖	115	内墙-120[内墙]	0.76	0	0	10.43	0	0	0	21.24	0	0	9.64	11.60	0	0.11	3.60	2.98
			小计	0.76	0	0	10.43	0	0	0	21.24	0	0	9.64	11.60	0	0.11	3.60	2.98
		240	内墙-240[内墙]	21.54	0	0	131.81	0	0	0	220.52	0	0	103.77	116.75	0	1.68	25.20	37.66
			外墙-240[外墙]	39.55	412.03	363.95	0	412.03	469.08	387.72	0	295.32	173.76	213.96	173.76	183.97	2.16	32.40	106.71
			小计	61.09	412.03	363.95	131.81	412.03	469.08	387.72	220.52	295.32	173.76	317.73	290.51	183.97	3.84	57.60	144.37
			小计	61.85	412.03	363.95	142.24	412.03	469.08	387.72	241.76	295.32	173.76	327.37	302.11	183.97	3.95	61.20	147.35
			小计	61.85	412.03	363.95	142.24	412.03	469.08	387.72	241.76	295.32	173.76	327.37	302.11	183.97	3.95	61.20	147.35

工程量名称

楼层	材质	厚度	名称	体积(m³)	外墙外脚手架面积(m²)	外墙内脚手架面积(m²)	内墙脚手架面积(m²)	综合脚手架面积(m²)	外墙外侧钢丝网片总长度(m)	外墙内侧钢丝网片总长度(m)	内墙两侧钢丝网片总长度(m)	外部墙梁钢丝网片长度(m)	外部墙柱钢丝网片长度(m)	内部墙梁钢丝网片长度(m)	内部墙柱钢丝网片长度(m)	外墙外侧满挂钢丝网片面积(m²)	墙厚(m)	墙高(m)	长度(m)
第2层	砖	115	内墙-120[内墙]	5.40	0	0	65.72	0	0	0	95.32	0	0	31.88	63.44	0	0.57	16.50	20.54
			小计	5.40	0	0	65.72	0	0	0	95.32	0	0	31.88	63.44	0	0.57	16.50	20.54
		240	内墙-240[外墙]	46.35	0	0	283.73	0	0	0	434.95	0	0	200.15	234.80	0	3.12	42.90	88.74
			外墙-240[外墙]	38.18	351.31	330.77	0	351.31	466.88	374.95	0	296.60	170.28	214.71	160.24	178.80	1.92	26.40	106.70
			小计	84.54	351.31	330.77	283.73	351.31	466.88	374.95	434.95	296.60	170.28	414.86	395.04	178.80	5.04	69.30	195.44
			小计	89.94	351.31	330.77	349.46	351.31	466.88	374.95	530.27	296.60	170.28	446.74	458.48	178.80	5.61	85.80	215.98
			小计	89.94	351.31	330.77	349.46	351.31	466.88	374.95	530.27	296.60	170.28	446.74	458.48	178.80	5.61	85.80	215.98
第3层	砖	115	内墙-120[内墙]	1.01	0	0	10.99	0	0	0	4.16	0	0	4.16	0	0	0.23	7.98	3.10
			小计	1.01	0	0	10.99	0	0	0	4.16	0	0	4.16	0	0	0.23	7.98	3.10
		240	外墙-240[外墙]	118.57	796.35	355.42	0	796.35	637.45	329.28	0	482.45	154.99	257.62	71.66	845.54	8.40	132.00	213.74
			小计	118.57	796.35	355.42	0	796.35	637.45	329.28	0	482.45	154.99	257.62	71.66	845.54	8.40	132.00	213.74
			小计	119.59	796.35	355.42	10.99	796.35	637.45	329.28	4.16	482.45	154.99	261.78	71.66	845.54	8.63	139.99	216.84
			小计	119.59	796.35	355.42	10.99	796.35	637.45	329.28	4.16	482.45	154.99	261.78	71.66	845.54	8.63	139.99	216.84

楼层	材质	厚度	名称	体积(m³)	外墙外脚手架面积(m²)	外墙内脚手架面积(m²)	内墙脚手架面积(m²)	综合外脚手架面积(m²)	外墙外侧钢丝网片总长度(m)	外墙内侧钢丝网片总长度(m)	内墙两侧钢丝网片总长度(m)	外部墙梁钢丝网片长度(m)	外部墙柱钢丝网片长度(m)	内部墙梁钢丝网片长度(m)	内部墙柱钢丝网片长度(m)	外墙外侧满挂钢丝网片面积(m²)	墙厚(m)	墙高(m)	长度(m)
									工程量名称										
屋顶	砖	240	山墙-11.4[外墙]	0.68	5.40	4.42	0	5.40	6.65	1.69	0	3.10	3.54	0	1.69	4.13	0.72	2.10	5
			山墙-11.8[外墙]	2.90	20.89	18.05	0	20.89	18.60	4.79	0	8.79	9.80	0	4.79	15.91	1.68	7.49	14.12
			山墙-12.6[外墙]	1.29	10.94	10.94	0	10.94	10.04	5.39	0	4.65	5.39	0	5.39	6.59	0.48	2.74	4.80
			山墙-13[外墙]	5.06	47.16	47.16	0	47.16	23.42	10.82	0	12.60	10.82	0	10.82	24.13	0.96	5.48	17.50
			小计	9.95	84.40	80.59	0	84.40	58.72	22.70	0	29.15	29.57	0	22.70	50.77	3.84	17.83	41.52
			小计	9.95	84.40	80.59	0	84.40	58.72	22.70	0	29.15	29.57	0	22.70	50.77	3.84	17.83	41.52
			合计	313.39	1963.53	1442.96	615.85	1963.53	1868.14	1347.66	934.87	1298.79	569.34	1377.59	904.93	1361.67	25.88	330.74	766.12

绘图输入工程量汇总表—门,如表 13-4 所示。

表 13-4 绘图输入工程量汇总表—门

楼层	洞口面积（m²）	名称	工程量名称					
			洞口面积（m²）	框外围面积（m²）	数量（樘）	洞口三面长度（m）	洞口宽度（m）	洞口高度（m）
首层	1.89	M0921	3.78	3.78	2	10.20	1.80	4.20
		小计	3.78	3.78	2	10.20	1.80	4.20
	15.66	PM5429	15.66	15.66	1	11.20	5.40	2.90
		小计	15.66	15.66	1	11.20	5.40	2.90
	3.15	M1521	6.30	6.30	2	11.40	3	4.20
		小计	6.30	6.30	2	11.40	3	4.20
	4.35	PM1529	8.70	8.70	2	14.60	3	5.80
		小计	8.70	8.70	2	14.60	3	5.80
	小计		34.44	34.44	7	47.40	13.20	17.10
第2层	1.68	M0821	3.36	3.36	2	10	1.60	4.20
		小计	3.36	3.36	2	10	1.60	4.20
	1.89	M0921	7.56	7.56	4	20.40	3.60	8.40
		小计	7.56	7.56	4	20.40	3.60	8.40
	2.10	M1021	4.20	4.20	2	10.40	2	4.20
		小计	4.20	4.20	2	10.40	2	4.20
	3.15	M1521	15.75	15.75	5	28.50	7.50	10.50
		小计	15.75	15.75	5	28.50	7.50	10.50
	小计		30.87	30.87	13	69.30	14.70	27.30
第3层	1.89	M0921	3.78	3.78	2	10.20	1.80	4.20
		小计	3.78	3.78	2	10.20	1.80	4.20
	2.10	M1021	14.70	14.70	7	36.40	7	14.70
		小计	14.70	14.70	7	36.40	7	14.70
	3.15	M1521	9.45	9.45	3	17.10	4.50	6.30
		小计	9.45	9.45	3	17.10	4.50	6.30
	小计		27.93	27.93	12	63.70	13.30	25.20
合计			93.24	93.24	32	180.40	41.20	69.60

绘图输入工程量汇总表—窗，如表 13-5 所示。

表 13-5　绘图输入工程量汇总表—窗

楼层	洞口面积（m²）	名称	工程量名称					
			洞口面积（m²）	框外围面积（m²）	数量（樘）	洞口三面长度（m）	洞口宽度（m）	洞口高度（m）
首层	1.62	C1809	1.62	1.62	1	3.60	1.80	0.90
		小计	1.62	1.62	1	3.60	1.80	0.90
	3	C1520	6	6	2	11	3	4
		小计	6	6	2	11	3	4
	3.6	C1820	68.40	68.40	19	110.20	34.20	38
		小计	68.40	68.40	19	110.20	34.20	38
	小计		76.02	76.02	22	124.80	39	42.90
第2层	1.62	C1809	1.62	1.62	1	3.60	1.80	0.90
		小计	1.62	1.62	1	3.60	1.80	0.90
	2.55	C1517	10.20	10.20	4	19.60	6	6.80
		小计	10.20	10.20	4	19.60	6	6.80
	3.06	C1817	64.26	64.26	21	109.20	37.80	35.70
		小计	64.26	64.26	21	109.20	37.80	35.70
	小计		76.08	76.08	26	132.40	45.60	43.40
第3层	1.62	C1809	1.62	1.62	1	3.60	1.80	0.90
		小计	1.62	1.62	1	3.60	1.80	0.90
	1.8	C1512	7.20	7.20	4	15.60	6	4.80
		小计	7.20	7.20	4	15.60	6	4.80
	2.16	C1812	45.36	45.36	21	88.20	37.80	25.20
		小计	45.36	45.36	21	88.20	37.80	25.20
	小计		54.18	54.18	26	107.40	45.60	30.90
合计			206.28	206.28	74	364.60	130.20	117.20

绘图输入工程量汇总表—过梁,如表 13-6 所示。

表 13-6   绘图输入工程量汇总表—过梁

楼层	混凝土强度等级	名称	工程量名称						
			体积(m³)	模板面积(m²)	数量(个)	长度(m)	宽度(m)	高度(m)	模板面积(按含模量)(m²)
首层	C25	GL-1	0.02	0.62	2	2.80	0.36	0.12	0.35
		GL-2	0.09	1.53	2	4	0.48	0.24	1.29
		GL-5	0.38	13.28	24	54	5.76	0.72	5.11
		窗台	1.12	9.35	22	52.20	5.28	1.98	14.88
		小计	1.63	24.79	50	113	11.88	3.06	21.65
	小计		1.63	24.79	50	113	11.88	3.06	21.65
第2层	C25	GL-1	0.06	1.65	6	8.20	0.84	0.36	0.86
		GL-2	0.34	5.19	8	15.95	1.92	0.96	4.64
		GL-5	0.41	13.97	25	58.80	6	0.75	5.52
		窗台	1.29	10.83	26	61.20	6.24	2.34	17.24
		小计	2.13	31.66	65	144.15	15	4.41	28.27
	小计		2.13	31.66	65	144.15	15	4.41	28.27
第3层	C25	GL-1	0.03	0.64	2	3	0.36	0.12	0.42
		GL-2	0.48	6.71	10	16.85	2.40	1.20	6.44
		GL-5	0.40	13.52	24	56.70	5.76	0.72	5.38
		GL-6	0.01	0.47	1	2.10	0.24	0.02	0.17
		窗台	1.30	10.89	26	61.20	6.24	2.34	17.36
		小计	2.24	32.25	63	139.85	15	4.40	29.80
	小计		2.24	32.25	63	139.85	15	4.40	29.80
合计			6.00	88.71	178	397	41.88	11.87	79.72

绘图输入工程量汇总表—梁，如表 13-7 所示。

表 13-7 绘图输入工程量汇总表—梁

楼层	混凝土强度等级	名称	工程量名称										
			体积（m³）	模板面积（m²）	超高模板面积（m²）	截面周长（m）	梁净长（m）	轴线长度（m）	梁侧面面积（m²）	截面面积（m²）	截面高度（m）	截面宽度（m）	模板面积（按含模量）（m²）
基础层	C30	JLL1(1)	2.35	15.55	0	3.60	12.90	16	15.69	0.36	1.20	0.60	22.62
		JLL2(1)	1.23	8.20	0	1.80	6.84	8	8.20	0.18	0.60	0.30	11.83
		JLL3(1)	2.85	18.92	0	1.80	15.76	19.40	19.00	0.18	0.60	0.30	27.40
		JLL4(1)	2.33	19.48	0	1.68	16.24	19.40	19.48	0.14	0.60	0.24	22.47
		JLL5(1)	2.92	19.48	0	1.80	16.24	19.40	19.48	0.18	0.60	0.30	28.09
		JLL6(5)	4.96	33.02	0	1.80	27.54	33	33.07	0.18	0.60	0.30	47.68
		JLL7(5)	4.33	28.82	0	1.80	24.04	32.92	28.87	0.18	0.60	0.30	41.62
		JLL8(2)	2.06	13.68	0	1.80	11.30	13.92	13.77	0.18	0.60	0.30	19.85
		JLL9(2)	2.06	13.68	0	1.80	11.30	14	13.77	0.18	0.60	0.30	19.85
		L1(1)	1.36	8.63	0	1.70	8.30	8	8.35	0.16	0.55	0.30	13.16
		L2(1)	0.27	2.28	0	1.28	2.86	3.10	2.28	0.09	0.40	0.24	2.63
		L3(1)	0.33	2.51	0	1.28	3.50	3.20	2.32	0.09	0.40	0.24	3.22
		L4(1)	0.42	2.56	0	1.40	3.50	3.20	2.32	0.12	0.40	0.30	4.03
		L5(1)	0.38	2.44	0	1.40	3.20	3.20	2.32	0.12	0.40	0.30	3.69
		L6(1)	1.12	8.39	0	2.96	9.39	8.80	8.00	0.24	1	0.48	10.83
		小计	29.03	197.71	0	27.90	172.91	205.54	197.00	2.60	9.15	4.80	279.04
	小计		29.03	197.71	0	27.90	172.91	205.54	197.00	2.60	9.15	4.80	279.04
首层	C30	KL1(5A)	5.02	45.92	13.69	1.82	31.22	33.50	40.47	0.16	0.67	0.24	38.20
		KL10(3)	2.90	26.59	7.94	1.82	18.04	19.40	23.29	0.16	0.67	0.24	22.07
		KL2(5)	4.86	42.73	11.63	5.38	30.64	33	40.08	0.47	1.97	0.72	37.02
		KL3(2)	2.01	17.16	4.41	1.78	12.94	14	15.99	0.15	0.65	0.24	15.36
		KL4(2B)	2.21	20.97	6.52	1.82	13.80	15	16.74	0.16	0.67	0.24	16.88
		KL5(1B)	1.31	12.70	4.06	1.82	8.20	9	9.82	0.16	0.67	0.24	10.03
		KL6(1)	1.45	10	2.22	1.90	7.44	8	9.43	0.19	0.65	0.30	11.04
		KL7(1)	1.45	10.01	2.29	1.90	7.44	8	9.31	0.19	0.65	0.30	11.04
		KL8(3)	2.84	24.89	6.75	3.60	17.94	19.40	22.79	0.31	1.32	0.48	21.68
		KL9(3)	2.68	22.57	5.70	3.26	17.84	19.40	22.03	0.27	1.15	0.48	21.08
		L1(1)	0.49	4.25	1.37	1.48	4.13	4.40	3.99	0.12	0.50	0.24	4.76
		L10(1)	0.35	4.44	2.01	2.20	5.92	6.40	4.73	0.12	0.80	0.30	3.41
		L11(3)	2.43	20.49	5.99	4.64	18.68	19.40	19.91	0.38	1.60	0.72	23.37
		L12(1)	0.69	5.99	1.95	1.48	5.76	6	5.76	0.12	0.50	0.24	6.64

楼层	混凝土强度等级	名称	工程量名称										
			体积（m³）	模板面积（m²）	超高模板面积（m²）	截面周长（m）	梁净长（m）	轴线长度（m）	梁侧面面积（m²）	截面面积（m²）	截面高度（m）	截面宽度（m）	模板面积（按含模量）（m²）
首层	C30	L2(1)	0.47	5.20	2.48	2.40	5.92	6.43	4.73	0.16	0.80	0.40	4.55
		L3(5)	3.73	31.72	10.11	1.48	31.14	33	30.64	0.12	0.50	0.24	35.91
		L4(1)	0.69	5.64	1.61	1.48	5.76	6	5.76	0.12	0.50	0.24	6.64
		L5(1)	0.69	5.71	1.70	1.48	5.76	6	5.70	0.12	0.50	0.24	6.64
		L6(1)	1.51	10.83	2.74	1.90	7.76	8	9.57	0.19	0.65	0.30	11.51
		L7(1)	0.69	5.76	1.72	1.48	5.76	6	5.76	0.12	0.50	0.24	6.64
		L8(1)	0.17	2.14	0.97	1.10	2.86	3.10	2.28	0.06	0.40	0.15	1.64
		L9(1)	0.69	5.99	1.95	1.48	5.76	6	5.76	0.12	0.50	0.24	6.64
		小计	39.41	341.77	99.92	47.70	270.71	289.43	314.61	4.01	16.82	7.03	322.82
	小计		39.41	341.77	99.92	47.70	270.71	289.43	314.61	4.01	16.82	7.03	322.82
第2层	C30	KL1(5A)	5.03	46.10	0	1.82	31.34	33.62	39.25	0.16	0.67	0.24	38.35
		KL10(3)	2.90	26.44	0	1.82	18.04	19.40	23.63	0.16	0.67	0.24	22.07
		KL2(5)	5.19	43.33	0	5.50	30.84	33	39.34	0.51	1.97	0.78	39.51
		KL3(2)	2.33	17.82	0	3.68	13.04	14	16.44	0.35	1.30	0.54	17.73
		KL4(2B)	2.25	21.39	0	1.82	14.04	15.24	17.28	0.16	0.67	0.24	17.18
		KL5(1B)	1.35	13.08	0	1.82	8.44	9.24	10.14	0.16	0.67	0.24	10.32
		KL6(1)	1.45	10	0	1.90	7.44	8	9.39	0.19	0.65	0.30	11.04
		KL7(1)	1.45	10.01	0	1.90	7.44	8	9.31	0.19	0.65	0.30	11.04
		KL8(3)	3.15	25.46	0	3.72	18.04	19.40	23.09	0.35	1.32	0.54	24.03
		KL9(3)	2.71	22.65	0	3.26	18.04	19.40	21.98	0.27	1.15	0.48	21.32
		L1(1)	0.49	4.25	0	1.48	4.13	4.43	3.99	0.12	0.50	0.24	4.76
		L10(3)	2.48	21.08	0	4.74	18.32	19.40	20.00	0.39	1.65	0.72	21.39
		L2(1)	1.38	11.52	0	2.96	11.52	12	11.52	0.24	1	0.48	13.28
		L3(1)	0.47	5.20	0	2.40	5.92	6.43	4.73	0.16	0.80	0.40	4.55
		L4(4)	3.25	27.36	0	3.16	25.56	27	25.90	0.26	1.10	0.48	31.25
		L5(1)	0.69	5.64	0	1.48	5.76	6	5.76	0.12	0.50	0.24	6.64
		L6(1)	0.69	5.76	0	1.48	5.76	6	5.70	0.12	0.50	0.24	6.64
		L7(1)	1.51	10.83	0	1.90	7.76	8	9.57	0.19	0.65	0.30	11.51
		L8(1)	0.17	2.14	0	1.10	2.86	3.10	2.28	0.06	0.40	0.15	1.64
		L9(1)	0.69	5.99	0	1.48	5.76	6	5.76	0.12	0.50	0.24	6.64
		小计	39.69	336.12	0	49.42	260.05	277.66	305.14	4.32	17.32	7.39	320.96
	小计		39.69	336.12	0	49.42	260.05	277.66	305.14	4.32	17.32	7.39	320.96

楼层	混凝土强度等级	名称	工程量名称										
			体积（m³）	模板面积（m²）	超高模板面积（m²）	截面周长（m）	梁净长（m）	轴线长度（m）	梁侧面积（m²）	截面面积（m²）	截面高度（m）	截面宽度（m）	模板面积（按含模量）（m²）
第3层	C30	KL1(2)	3.70	37.13	0	3.36	26.16	27.04	30.85	0.28	1.20	0.48	35.58
		L1(1)	0.70	5.87	2.82	1.48	5.87	6.12	5.88	0.12	0.50	0.24	6.78
		L2(4)	3.24	27.19	7.73	6.52	25.44	27.12	26.81	0.55	2.30	0.96	31.16
		L3(2)	1.94	15.89	9.56	5.04	13.79	14.28	16.18	0.43	1.80	0.72	16.18
		L4(1)	1.54	10.59	1.79	3.80	7.92	8.16	10.06	0.39	1.30	0.60	11.76
		L5(1)	0.73	6.02	1.88	2.96	6.12	6.12	5.89	0.24	1	0.48	7.06
		L6(1)	0.69	5.88	5.88	1.48	5.76	6	5.76	0.12	0.50	0.24	6.64
		L7(1)	0.69	5.88	5.88	1.48	5.76	6	5.76	0.12	0.50	0.24	6.64
		WKL1(5A)	7.90	69.55	12.14	12	31.88	34.18	62.35	1.15	4.80	1.20	60.12
		WKL10(3)	5.19	45.59	0	2.88	18.04	19.40	43.06	0.28	1.20	0.24	39.53
		WKL2(5)	7.20	62.12	9.78	8.22	31.10	33.28	59.84	0.75	3.15	0.96	54.82
		WKL3(2)	2.01	16.61	9.71	5.24	13.30	14.28	16.76	0.45	1.90	0.72	16.91
		WKL4(2B)	2.85	25.76	10.74	8.32	14.86	16.08	23.80	0.76	3.20	0.96	21.74
		WKL5(1B)	2.63	23.75	2.38	11.52	9.15	9.96	21.86	1.15	4.80	0.96	20.08
		WKL6(1)	1.48	10.14	1.79	3.80	7.59	8.16	9.65	0.39	1.30	0.60	11.29
		WKL7(1)	1.48	10.07	1.75	3.80	7.59	8.16	9.65	0.39	1.30	0.60	11.29
		WKL8(3)	4.52	36.63	1.76	6.68	18.19	19.56	34.82	0.67	2.50	0.84	34.46
		WKL9(3)	2.74	22.66	22.66	4.94	18.04	19.40	22.36	0.42	1.75	0.72	21.44
		小计	51.31	437.40	108.32	93.52	266.64	283.38	411.41	8.71	35	11.76	413.57
	小计		51.31	437.40	108.32	93.52	266.64	283.38	411.41	8.71	35	11.76	413.57
合计			159.46	1313.01	208.24	218.54	970.32	1056.01	1228.18	19.64	78.29	30.98	1336.40

绘图输入工程量汇总表—圈梁,如表 13-8 所示。

表 13-8　绘图输入工程量汇总表—圈梁

楼层	混凝土强度等级	名称	工程量名称						
			体积(m^3)	模板面积(m^2)	截面周长(m)	梁净长(m)	轴线长度(m)	截面面积(m^2)	模板面积（按含模量）(m^2)
首层	C25	翻边-120	0.04	1.06	0.64	1.96	3.10	0.02	0.37
		翻边-240	0.85	7.18	4.40	17.72	20.60	0.24	6.83
		圈梁	1.44	13.37	6.48	50.09	107.43	0.25	11.59
		小计	2.34	21.62	11.52	69.77	131.13	0.52	18.81
	小计		2.34	21.62	11.52	69.77	131.13	0.52	18.81
第2层	C25	翻边-120	0.04	0.83	0.64	1.96	3.10	0.02	0.37
		翻边-240	0.85	7.18	4.40	17.72	20.60	0.24	6.83
		圈梁	1.48	13.84	6.48	51.70	107.43	0.25	11.97
		小计	2.38	21.86	11.52	71.38	131.13	0.52	19.18
	小计		2.38	21.86	11.52	71.38	131.13	0.52	19.18
第3层	C25	翻边-120	0.04	0.88	0.64	2.08	3.10	0.02	0.40
		翻边-240	0.89	7.47	4.40	18.62	20.60	0.24	7.18
		圈梁	1.60	14.97	6.48	55.78	107.43	0.25	12.91
		小计	2.55	23.32	11.52	76.48	131.13	0.52	20.50
	小计		2.55	23.32	11.52	76.48	131.13	0.52	20.50
合计			7.27	66.81	34.56	217.63	393.39	1.56	58.50

绘图输入工程量汇总表—现浇板,如表 13-9 所示。

表 13-9　绘图输入工程量汇总表—现浇板

楼层	混凝土强度等级	名称	工程量名称									
			面积(m^2)	体积(m^3)	底面模板面积(m^2)	侧面模板面积(m^2)	数量（块）	投影面积(m^2)	超高模板面积(m^2)	超高侧面模板面积(m^2)	板厚(m)	模板面积（按含模量）(m^2)
首层	C30	B-100	197.84	19.81	197.84	0	20	197.84	197.84	0	2	221.90
		B-120	75.01	9.01	75.01	0	6	75.01	75.01	0	0.72	77.17
		B-130	44.42	5.78	44.42	0	2	44.42	44.42	0	0.26	49.48
		B-140	27.37	3.83	27.37	0	1	27.37	27.37	0	0.14	32.85
		小计	344.65	38.44	344.65	0	29	344.65	344.65	0	3.12	381.41
	小计		344.65	38.44	344.65	0	29	344.65	344.65	0	3.12	381.41

楼层	混凝土强度等级	名称	工程量名称									
			面积（m²）	体积（m³）	底面模板面积（m²）	侧面模板面积（m²）	数量（块）	投影面积（m²）	超高模板面积（m²）	超高侧面模板面积（m²）	板厚（m）	模板面积（按含模量）（m²）
第2层	C30	B-100	155.77	15.59	155.77	0	15	155.07	0	0	1.50	174.60
		B-120	118.27	14.21	118.27	0	8	118.27	0	0	0.96	121.66
		B-130	43.93	5.71	43.93	0	2	43.93	0	0	0.26	48.90
		B-140	27.73	3.88	27.73	0	1	27.73	0	0	0.14	33.27
		小计	345.72	39.40	345.72	0	26	345.02	0	0	2.86	378.44
	小计		345.72	39.40	345.72	0	26	345.02	0	0	2.86	378.44
第3层	C30	B-120	254.37	29.54	245.02	0.13	8	239.32	263.18	0.15	0.96	252.93
		B-130	142.10	18.01	138.12	0	4	132.13	170.60	0	0.52	154.19
		小计	396.47	47.56	383.15	0.13	12	371.46	433.79	0.15	1.48	407.13
	小计		396.47	47.56	383.15	0.13	12	371.46	433.79	0.15	1.48	407.13
合计			1086.85	125.41	1073.53	0.13	67	1061.14	778.44	0.15	7.46	1166.99

绘图输入工程量汇总表—楼地面，如表 13-10 所示。

表 13-10 绘图输入工程量汇总表—楼地面

楼层	名称	工程量名称				
		地面积（m²）	块料地面积（m²）	地面周长（m）	水平防水面积（m²）	立面防水面积（大于最低立面防水高度）（m²）
首层	普通地面［普通房间］	378.90	379.82	138.76	0	0
	卫生间地面［卫生间］	22.77	22.96	32.08	18.84	41.83
	小计	401.68	402.79	170.84	18.84	41.83
第2层	普通地面［普通房间］	335.09	336.36	254.10	0	0
	卫生间地面［卫生间］	28.57	28.79	41.96	24.64	57.23
	小计	363.66	365.15	296.06	24.64	57.23
第3层	普通地面［普通房间］	338.85	340.31	263.06	0	0
	卫生间地面［卫生间］	22.77	22.96	32.08	18.84	41.83
	小计	361.62	363.28	295.14	18.84	41.83
合计		1126.98	1131.23	762.04	62.33	140.89

参考文献

[1] 中华人民共和国住房和城乡建设部.建设工程工程量清单计价规范:GB 50500—2013[S].北京:中国标准出版社,2013.

[2] 中华人民共和国住房和城乡建设部,中华人民共和国国家质量监督检验检疫总局.房屋建筑与装饰工程工程量计算规范:GB 50854—2013[S].北京:中国标准出版社,2013.

[3] 中华人民共和国住房和城乡建设部.建设工程工程量清单计价规范:GB 50500—2008[S].北京:中国标准出版社,2008.

[4] 王佳萍.2018 版浙江省房屋建筑与装饰工程预算定额(上下册)[M].北京:中国计划出版社,2018.

[5] 王俊遐,2013 版清单计价规范释义与算例:建筑工程[M].北京:机械工业出版社,2014.

[6] 祁黎.工程算量[M].北京:中国地质大学出版社,2015.

[7] 祁黎,周小芳.施工图识图实战应用[M].杭州:浙江工商大学出版社,2020.